编审委员会

主　任　　侯建国

副主任　　窦贤康　　陈初升
　　　　　　张淑林　　朱长飞

委　员　（按姓氏笔画排序）

方兆本	史济怀	古继宝	伍小平
刘　斌	刘万东	朱长飞	孙立广
汤书昆	向守平	李曙光	苏　淳
陆夕云	杨金龙	张淑林	陈发来
陈华平	陈初升	陈国良	陈晓非
周学海	胡化凯	胡友秋	俞书勤
侯建国	施蕴渝	郭光灿	郭庆祥
奚宏生	钱逸泰	徐善驾	盛六四
龚兴龙	程福臻	蒋　一	窦贤康
褚家如	滕脉坤	霍剑青	

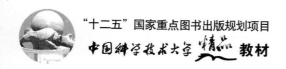

"十二五"国家重点图书出版规划项目

中国科学技术大学精品教材

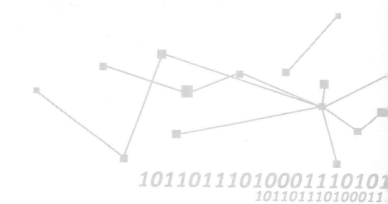

李 辉 / 编著

VHDL and Digital System Design

VHDL
与数字系统设计

中国科学技术大学出版社

内容简介

本书根据课堂教学的需要,以提高在校学生的实际数字系统设计能力为目标,介绍了采用硬件描述语言VHDL进行组合电路与时序电路设计的方法和可编程逻辑器件的内部结构及其工作原理、采用硬件描述语言VHDL和可编程逻辑器件实现具有一定实际应用价值的数字系统设计方法和实例。

本书可以作为开设数字系统设计实验和设计课程的大专院校电子工程、计算机和自动化等专业的教学参考书,也可以作为从事电子产品开发和生产的电子工程技术人员的参考书。

图书在版编目(CIP)数据

VHDL与数字系统设计/李辉编著.—合肥:中国科学技术大学出版社,2015.2
(中国科学技术大学精品教材)
"十二五"国家重点图书出版规划项目
ISBN 978-7-312-03693-4

Ⅰ.V… Ⅱ.李… Ⅲ.①VHDL语言—程序设计 ②数字系统—系统设计 Ⅳ.①TP312 ②TP271

中国版本图书馆CIP数据核字(2015)第024050号

中国科学技术大学出版社出版发行
安徽省合肥市金寨路96号,230026
http://press.ustc.edu.cn
安徽省瑞隆印务有限公司
全国新华书店经销

开本:710 mm×960 mm 1/16 印张:18 插页:2 字数:342千
2015年2月第1版 2015年2月第1次印刷
印数:1—3000册
定价:39.00元

总　　序

2008年,为庆祝中国科学技术大学建校五十周年,反映建校以来的办学理念和特色,集中展示教材建设的成果,学校决定组织编写出版代表中国科学技术大学教学水平的精品教材系列。在各方的共同努力下,共组织选题281种,经过多轮严格的评审,最后确定50种入选精品教材系列。

五十周年校庆精品教材系列于2008年9月纪念建校五十周年之际陆续出版,共出书50种,在学生、教师、校友以及高校同行中引起了很好的反响,并整体进入国家新闻出版总署的"十一五"国家重点图书出版规划。为继续鼓励教师积极开展教学研究与教学建设,结合自己的教学与科研积累编写高水平的教材,学校决定,将精品教材出版作为常规工作,以《中国科学技术大学精品教材》系列的形式长期出版,并设立专项基金给予支持。国家新闻出版总署也将该精品教材系列继续列入"十二五"国家重点图书出版规划。

1958年学校成立之时,教员大部分来自中国科学院的各个研究所。作为各个研究所的科研人员,他们到学校后保持了教学的同时又作研究的传统。同时,根据"全院办校,所系结合"的原则,科学院各个研究所在科研第一线工作的杰出科学家也参与学校的教学,为本科生授课,将最新的科研成果融入到教学中。虽然现在外界环境和内在条件都发生了很大变化,但学校以教学为主、教学与科研相结合的方针没有变。正因为坚持了科学与技术相结合、理论与实践相结合、教学与科研相结合的方针,并形成了优良的传统,才培养出了一批又一批高质量的人才。

学校非常重视基础课和专业基础课教学的传统,这也是她特别成功的原因之一。当今社会,科技发展突飞猛进、科技成果日新月异,没有扎实的基础知识,很难在科学技术研究中作出重大贡献。建校之初,华罗庚、吴有训、严济慈等老一辈科学家、教育家就身体力行,亲自为本科生讲授基础课。他们以渊博的学识、精湛的讲课艺术、高尚的师德,带出一批又一批杰出的年轻教员,培养了一届又一届优秀学生。入选精品教材系列的绝大部分是基础课或专业基础课的教材,其作者大多直接或间接受到过这些老一辈科学家、教育家的教诲和影响,因此在教材中也贯穿着这些先辈的教育教学理念与科学探索精神。

改革开放之初,学校最先选派青年骨干教师赴西方国家交流、学习,他们在带回先进科学技术的同时,也把西方先进的教育理念、教学方法、教学内容等带回到中国科学技术大学,并以极大的热情进行教学实践,使"科学与技术相结合、理论与实践相结合、教学与科研相结合"的方针得到进一步深化,取得了非常好的效果,培养的学生得到全社会的认可。这些教学改革影响深远,直到今天仍然受到学生的欢迎,并辐射到其他高校。在入选的精品教材中,这种理念与尝试也都有充分的体现。

中国科学技术大学自建校以来就形成的又一传统是根据学生的特点,用创新的精神编写教材。进入我校学习的都是基础扎实、学业优秀、求知欲强、勇于探索和追求的学生,针对他们的具体情况编写教材,才能更加有利于培养他们的创新精神。教师们坚持教学与科研的结合,根据自己的科研体会,借鉴目前国外相关专业有关课程的经验,注意理论与实际应用的结合,基础知识与最新发展的结合,课堂教学与课外实践的结合,精心组织材料、认真编写教材,使学生在掌握扎实的理论基础的同时,了解最新的研究方法,掌握实际应用的技术。

入选的这些精品教材,既是教学一线教师长期教学积累的成果,也是学校教学传统的体现,反映了中国科学技术大学的教学理念、教学特色和教学改革成果。希望该精品教材系列的出版,能对我们继续探索科教紧密结合培养拔尖创新人才,进一步提高教育教学质量有所帮助,为高等教育事业作出我们的贡献。

中国科学技术大学校长
中国科学院院士
第三世界科学院院士

前　言

随着计算机和大规模集成电路制造技术的迅速发展,现代的电子产品和复杂数字逻辑系统正朝着高集成度、小型化和低功耗的方向发展。传统的依赖电路原理图的设计方法已经不能够满足现代复杂数字系统设计的要求。

在现代电子系统设计中,采用硬件描述语言 VHDL 设计硬件电路相比采用传统的电路原理图设计硬件电路效率更高,设计的模块与使用哪一个公司生产的器件无关,设计不会因为芯片的工艺和结构的变化而变化,从而使已经设计成功的模块可以重复使用,可移植性好,提高了系统设计的效率。

目前可编程逻辑器件的功能,配合日益完善的电子设计自动化工具,可以反复修改,成为电路设计者首选的电子元件之一。

现场可编程或在系统可编程技术是指用户为了修改逻辑设计或重构数字系统,在已经设计和制作好的电路板上,直接对现场可编程或在系统可编程逻辑器件进行在线编程和反复修改,并进行现场调试和验证,使原来不容易改变的硬件设计变得像软件一样灵活而易于修改和调试。

本书共分 5 章介绍 VHDL、可编程逻辑器件和应用实例。第 1 章介绍 VHDL 的基本结构与描述语句;第 2 章介绍基本逻辑单元电路的设计;第 3 章介绍采用 VHDL 进行仿真程序的编写;第 4 章介绍常用的可编程逻辑器件的特点;第 5 章介绍实现具有一定应用价值的数字系统的设计实例,这些设计实例已经得到验证和通过。

本书在编写过程中得到了很多在校本科生和研究生的帮助,作者在此表示衷心的感谢。由于作者水平有限和时间短促,书中难免有一些错误,恳请各位专家批评指正。读者如果对本书有任何意见和建议,请发电子邮件到邮箱 hli@ustc.edu.cn 告诉作者。

作　者

2014 年于中国科学技术大学

目　　次

总序 …………………………………………………………………………（ⅰ）

前言 …………………………………………………………………………（ⅲ）

第1章　VHDL的基本结构与描述语句 ……………………………（ 1 ）
  1.1　VHDL的基本结构 …………………………………………（ 4 ）
  1.2　VHDL并发描述语句 ………………………………………（ 9 ）
  1.3　VHDL的运算操作符 ………………………………………（ 25 ）
  1.4　标示符、数据对象、数据类型、属性和保留关键字 …………（ 26 ）
  1.5　顺序描述语句 …………………………………………………（ 42 ）
  1.6　库、程序包 ……………………………………………………（ 56 ）
  习题1 …………………………………………………………………（ 59 ）

第2章　基本逻辑单元电路的设计 ……………………………………（ 61 ）
  2.1　组合电路的设计 ………………………………………………（ 61 ）
  2.2　时序电路的设计 ………………………………………………（ 68 ）
  习题2 …………………………………………………………………（107）

第3章　仿真 ……………………………………………………………（108）
  3.1　激励信号的产生 ………………………………………………（108）
  3.2　十进制计数器的仿真 …………………………………………（110）
  3.3　仿真与综合 ……………………………………………………（114）
  习题3 …………………………………………………………………（117）

第4章　可编程的逻辑器件 ……………………………………………（118）
  4.1　可编程的逻辑器件概述 ………………………………………（118）

4.2 低密度可编程逻辑器件 …………………………………………（122）
4.3 高密度可编程逻辑器件 …………………………………………（131）
4.4 CPLDs 和 FPGAs ………………………………………………（156）
4.5 基于可编程逻辑器件数字系统的设计流程 ……………………（160）
4.6 可编程逻辑器件的发展趋势 ……………………………………（163）
习题 4 …………………………………………………………………（166）

第 5 章 设计实例 ……………………………………………………（168）
5.1 控制发光二极管循环移位电路 …………………………………（168）
5.2 数码管数字显示电路 ……………………………………………（171）
5.3 运动计时器 ………………………………………………………（176）
5.4 LED 点阵屏汉字显示 ……………………………………………（184）
5.5 液晶显示屏显示字符 ……………………………………………（191）
5.6 图形式液晶显示屏（LCD）显示图形 ……………………………（208）
5.7 液晶显示屏显示 PS/2 键盘的键值 ……………………………（223）
5.8 RS-232 异步串行通信接口的实现 ………………………………（236）
5.9 4×3 矩阵式键盘输入电路 ………………………………………（250）
5.10 数字密码锁电路 …………………………………………………（265）
习题 5 …………………………………………………………………（278）

参考文献 ………………………………………………………………（280）

第 1 章　VHDL 的基本结构与描述语句

　　随着现代电子系统设计的规模日益增大和复杂程度日益增高，大家熟悉的通过绘制逻辑电路图来设计复杂数字逻辑系统的方法已经远远不能满足现代复杂电子系统设计的要求，需要采用更抽象的层次描述和自顶向下的设计方法。

　　为了大大降低设计难度，越来越广泛地采用硬件描述语言设计方法。硬件描述语言是可以描述硬件电路的功能、信号连接关系和定时关系的语言，采用硬件描述语言设计数字系统是硬件设计领域的一次重大变革，与采用电路原理图设计硬件电路的方法相比，大大提高了设计效率。

　　目前，在进行数字系统设计时，广泛采用的硬件描述语言有 VHDL 和 Verilog，VHDL 的英文全名为 VHSIC Hardware Description Language，而 VHSIC 则是 Very High Speed Integrated Circuit 的缩写，所以 VHDL 的中文名为超高速集成电路的硬件描述语言。硬件描述语言 VHDL 是美国国防部在 20 世纪 80 年代初研究 VHSIC 计划时组织开发的，1987 年由 IEEE 标准化委员会确定为标准硬件设计语言，大部分电子设计自动化工具都支持 VHDL 语言。1993 年进一步修订，定为 IEEE 1076—1993 标准。IEEE 还制定了与 VHDL 语言相关的标准逻辑系统程序包 IEEE.STD_LOGIC_1164。

　　VHDL 描述能力很强，支持硬件的设计、验证、综合和测试，此外，还支持硬件设计数据的交换、维护、修改和硬件的实现。它可以描述抽象的系统级，也可以描述具体的逻辑级。许多计算机辅助设计公司新开发的电子设计软件都支持 VHDL 语言。

　　VHDL 在描述数字系统时，可以使用前后一致的语义和语法跨越多个层次，并且使用跨越多个级别的混合描述来模拟该系统。在维护系统、重新设计或更改部分设计时，可以用原来的测试集对修改过的 VHDL 描述重新模拟。

　　VHDL 语言描述是分层次的，描述既可抽象(高层的行为描述)，也可具体(底层的结构描述)，其中比较重要的层次有系统级(System Level)、算法级(Algorithm Level)、寄存器传输级(RTL，Register Transfer Level)、逻辑级(Logic Level)、门级(Gate Level)、电路开关级(Switch Level)等。由于综合器的编译与优化功能越来越强大,目前一般采用 CPLD 和 FPGA 实现数字系统的设计代码都采用 RTL 级描述,RTL 代码的最大特点是"可综合"。

用 VHDL 语言设计一个系统,一般采用自顶向下(Top Down)分层设计的方法,从系统级功能开始,对系统高层模块进行行为描述和功能验证,然后自顶向下逐级细化、逐级描述、逐级仿真模拟,保证满足整个系统的性能指标,直到实现与可编程逻辑器件结构相对应的逻辑描述。第一层是行为描述(Behavioral Descriptions),实质就是对整个系统的数学模型的描述,目的是试图在系统设计的初始阶段,通过对行为描述的仿真,来发现设计中存在的问题,这一过程更多地考虑系统的结构以及工作过程是否达到整个系统设计的要求;第二层是 RTL 方式描述,这一层描述硬件的具体实现,只有经过 RTL 描述,才能导出系统逻辑表达式,才能进行逻辑综合;第三层是逻辑综合,这阶段是利用逻辑综合工具,将 RTL 方式描述的程序转换成用基本元件表示的文件(门级网表)。

自顶向下的设计方法的优点是在设计开始时就做好系统分析,先将系统设计分成几个子设计模块,对每个子设计模块进行设计、调试和仿真。由于设计的主要仿真和调试过程是在高层次完成的,所以能够早期发现结构设计上的错误,减少了逻辑仿真的工作量,自顶向下的设计方法方便了从系统划分和管理整个项目,使得几十万门甚至几百万门规模的复杂数字电路设计成为可能,并可减少设计人员进行不必要的重复设计,提高了设计的一次成功率。

与自顶向下的设计方法顺序相反的另一种设计方法是自下而上的设计方法。自下而上的设计方法是一种传统的设计方法,对设计进行逐次划分的过程是从基本单元出发的,基本单元要么是已经制造出的单元,要么是其他项目已开发好的单元或者是可外购得到的单元。这种设计方法与只用硬件在模拟实验板上建立一个系统的步骤有密切联系。其优点是设计人员对于用这种方法进行设计比较熟悉,实现各个子模块电路所需的时间短;缺点是一般来讲对系统的整体功能把握不足,实现整个系统的功能所需的时间长,因为必须先将各个小模块完成。使用这种方法对设计人员之间相互进行协作有比较高的要求。

行为描述是描述一个设计的基本功能。行为描述是高层次的描述方式,因为在采用行为描述时,主要注重功能的描述,而不考虑怎样实现具体的电路。在行为描述方式的程序中,大量采用算术运算、关系运算、惯性延迟、传输延迟等难以进行逻辑综合的 VHDL 语句。一般来说,采用行为描述方式的 VHDL 语言程序主要用于系统数学模型的仿真或系统工作原理的仿真。

寄存器传输级(RTL)描述是一种明确规定寄存器的描述方法,这种描述要么采用寄存器硬件——对应的直接描述，要么采用寄存器之间的功能描述。寄存器传输级描述表示行为（功能描述，也可称为 RTL 的行为描述），也隐含表示结构（与硬件对应的直接描述）。

结构描述是抽象模块相互连接的网表，是一种在多层次的设计中，高层次的设计模块调用低层次的设计模块，或者直接用门电路设计单元构成一个复杂的逻辑电路的描述方法。例如，在寄存器传输级，抽象模块是 ALU、多路选择器、寄存器等。

综上所述，采用 VHDL 设计数字逻辑系统的主要优点为：

（1）具有多层次描述硬件功能的能力，支持自顶向下的设计方法，是系统设计领域中使用最多的硬件描述语言之一；支持大规模设计的分解和设计的共享。

（2）设计可以重复使用。采用 VHDL 语言的设计与工艺技术无关，不会因为工艺的更新而过时。

（3）VHDL 语言标准、规范，是最早定为 IEEE 标准的硬件描述语言，使用广泛，绝大多数的 EDA 工具都支持 VHDL 语言，这为 VHDL 语言的进一步推广和应用创造了一个良好的环境。

然而，使用现场可编程门阵列（FPGA，Field Programmable Gate Array）或复杂可编程逻辑器件（CPLD，Complex Programmable Logic Device）来实现逻辑功能时，所采用的硬件描述语言是同软件语言（如 C，C++ 等）有本质区别的！在采用硬件描述语言设计硬件电路时，虽然硬件描述语言使用了计算机程序语言的形式，但是硬件描述语言描述是硬件的抽象，它的最终实现结果是芯片内部的硬件电路，而不是一条一条指令的执行过程。所以评判一段用硬件描述语言编写的代码的最终标准应该是其描述并实现的硬件电路的正确性及其性能（包括面积和速度两个方面）。对于初学者，特别是从事软件工程的初学者来说，采用硬件描述语言设计数字逻辑系统，有时会与所描述的具体硬件电路结构相脱节，去片面追求代码的整洁、简短，无法达到设计的指标。

实际设计过程中，设计者主要是根据硬件描述语言 VHDL 的语法规则对系统目标的逻辑行为进行描述，然后通过综合工具进行电路结构的综合、优化，通过仿真工具进行逻辑功能仿真和系统时延仿真。由于每个设计者对语言规则、电路行为的理解程度不同，每个人的编程风格不同，往往同样的系统功能，描述的方式是不一样的，综合出来的电路结构更是大相径庭。因此，即使最后综合出的电路都能实现相同的逻辑功能，但是其电路的复杂程度和时延特性会有很大的差别，甚至某些臃肿的电路还会产生难以预料的问题。正确的编程方法是，首先要对该部分硬件的结构与连接十分了解和清晰，然后用成熟、合适的硬件描述语言表达出来。

在使用硬件描述语言进行数字逻辑系统设计时，只会使用到 VHDL 所有语句中的一部分可以综合的语句。例如，使用 FPGA/CPLD 完成数字逻辑功能时，FPGA/CPLD 的制造商提供的开发工具就不支持一些 VHDL 的语句，如不支持"after"等语句。而且，FPGA/CPLD 的不同制造商提供的开发工具支持的硬件描述语言的语句都可能不一样，有时还会出现用硬件描述语言设计好的逻辑电路在有些开发工具中可以完成和实现所设计的逻辑功能，但是同样的设计在另外一些开发工具中就不能完成的情况，这是由于 FPGA/CPLD 的不同制造商提供的开发工具支持的硬件描述语言的语句不一样造成的，当出现这样的问题时，设计者要阅读使用的开发工具是否支持设计中使用到的语句。

目前，已经出版了许多非常好的中文版或英文版的关于 VHDL 方面的书籍，由于本书是以数字逻辑系统设计为目的的，所以本书没有全面介绍 VHDL 所有语句，只是介绍了那些在设计数字逻辑系统中经常使用到的一些语句。

由于 VHDL 或 Verilog 硬件描述语言不是为了逻辑系统的设计而设计的，而是为了仿真和测试设计的，所以对一个已经用 VHDL 设计好的逻辑电路，在编写仿真代码时，仿真工具会支持 VHDL 的所有语句。使用 VHDL 进行设计时，出现无法实现很多语句的现象也就不奇怪了。

1.1 VHDL 的基本结构

VHDL 语言描述的对象称为实体（Entity），可以将一个复杂的系统抽象成一个实体，可以描述像 CPU 那样复杂的电路，也可以描述一块芯片或一个门电路。

在设计时，采用自顶向下的层次化设计方法，各层的设计模块，都可以作为实体。高层次的设计实体可以调用低层次的设计实体。

VHDL 语言设计的基本单元，就是 VHDL 语言的一个基本设计实体（Design Entity）。一个基本设计实体由实体说明（Entity Declaration）和结构体（Architecture Body）两个部分组成。

可以把实体说明看作一个黑盒子，知道黑盒子的输入和输出，但不知道黑盒子里面的内容。黑盒子里面的内容由结构体来描述。例如，要描述一个逻辑元件 A，如图 1.1 所示。

结构体包含多条并发描述语句,但它包含的并发描述语句不允许对同一个信号进行多次赋值,语句执行的顺序与并发描述语句出现的先后次序无关,与纯软件程序不一样,不是按顺序一条一条指令执行的过程。

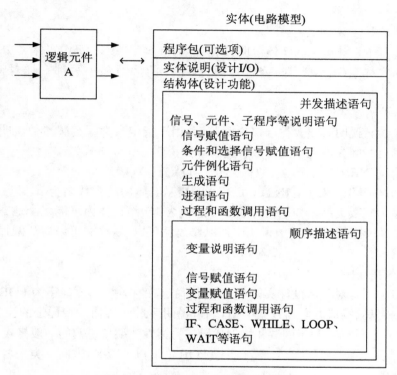

图 1.1　VHDL 的一个基本设计实体

顺序描述语句只能够出现在进程或子程序中,在进程或子程序中的顺序描述语句允许对同一个信号进行多次赋值,顺序描述语句像一般的高级语言一样,按语句出现的先后次序执行。

实体说明部分规定了基本设计单元的输入/输出端口,其作用相当于逻辑符号的引脚,信号通过端口在实体之间流入或流出。

实体说明部分定义了设计单元的输入/输出端口,而结构体部分定义了设计单元具体的逻辑功能。

1. 实体说明

实体说明类似于电路原理图中的符号,不描述模块的具体逻辑功能,主要描述该实体与外部电路的接口信号,确定了实体的每一个输入/输出信号的端口名称、

信号的方向和类型。实体说明的一般格式为:
    ENTITY　实体名　IS
        ［类属参数说明］;
        ［端口说明］;
    END　实体名;

一个基本设计单元的实体说明,以实体的关键字"ENTITY 实体名 IS"开始,以"END 实体名"结束。对 VHDL 而言,字母的大写和小写都一样对待,不加区分。

(1) 类属参数说明

类属参数说明必须放在端口说明前面,用于指定参数。类属参数说明经常用来指定延迟时间参数和一些常数。类属参数说明的一般格式为:
    GENERIC(常数名:数据类型［:设定值］);

例如,GENERIC（n:INTEGER:=8)表示实体内的常数名为 n,常数值为 8,数据类型为整数类型。如果需要改变 n 的值为 16,结构体内可能多个地方使用到 n 的值时,只需要在类属参数说明中加以修改就可以了,这样可以避免漏掉一些需要修改的参数。

(2) 端口说明

端口说明是对基本设计实体单元与外部接口的描述,其关键字为 PORT,规定了端口的名称、端口方向和数据类型,端口说明后最好再加一些详细的注释(注释符号为"--"),这样有利于调试和增加代码的易读性。端口说明的一般格式为:
    PORT(端口名:端口方向　类型名;
        …
        端口名:端口方向　类型名);

其中各端口名在实体中不能够重复。

端口方向的说明有以下几种模式:

    IN　　　　输入
    OUT　　　输出
    INOUT　　双向
    BUFFER　 输出(结构体内部可以再使用)

当端口方向确定后,就会综合成如图 1.2 所示的电路原理图。

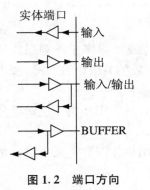

图 1.2　端口方向

如果将端口信号定义成输入,在实体的结构体内,不能对该端口信号赋值,该端口信号不能出现在赋值符号的左边。

如果将端口信号定义成输出,在实体的结构体内,不能将该端口信号传递给其他信号,该端口信号不能出现在赋值符号的右边。

如果将端口信号定义成输入/输出,在实体的结构体内,该端口信号可以作为输出信号出现在赋值符号的左边,也可以作为输入信号出现在赋值符号的右边。

如果将端口信号定义成 BUFFER,在实体的结构体内,该端口信号可以作为输出信号出现在赋值符号的左边,也可以出现在赋值符号的右边,此时该端口信号得到的是该实体输出信号的反馈信号,而不是来自该实体外部的其他输入信号。

VHDL 语言有 10 种数据类型,在逻辑电路设计中经常用到 2 种:位逻辑数据类型 BIT 和位向量类型 BIT_VECTOR。

当信号定义成 BIT 类型时,该信号的电平只能取为逻辑"0"或"1",而没有高阻态,为了扩大信号的逻辑状态,一般可以用包含了多值逻辑的 STD_LOGIC 类型说明,因为 STD_LOGIC 类型不但包含了高阻态,还包含了弱"1"、弱"0"和不确定等多种状态。但是,在使用 STD_LOGIC 或 STD_LOGIC_VECTOR 时,应该在实体说明以前,增加两条语句:

    LIBRARY IEEE;　　　　　　　　　　--IEEE 库
    USE IEEE.STD_LOGIC_1164.ALL;--调用其中 STD_LOGIC_1164 程
    　　　　　　　　　　　　　　　　序包中所有(.ALL)的内容

在对 VHDL 语言程序编译时,从指定的程序包中,寻找数据类型的定义。其作用像 C 语言的 include⟨*.h⟩一样。STD_LOGIC_1164 是一个常用的程序包,它定义了一些常用的数据类型和函数。

例 1.1 实体的外部端口如图 1.3 所示。

图中信号 d[15:0]为 16 位输入总线,clk,reset,oe 为输入信号,q1[15:0]为 16 位三态输出总线,q2[15:0]为 16 位双向总线,opt 为输出信号。

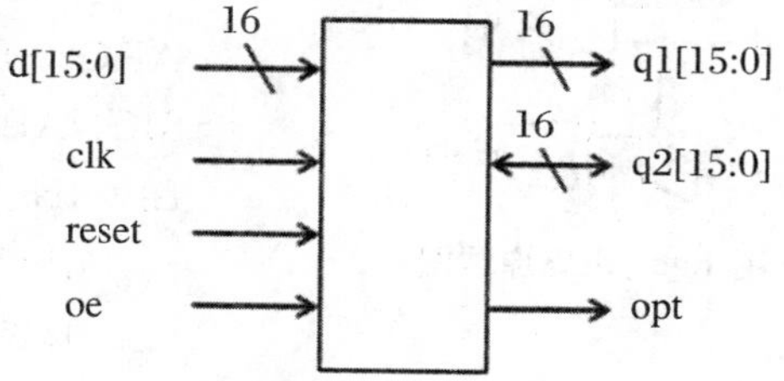

图 1.3　实体的外部端口

    LIBRARY IEEE;
    USE IEEE.STD_LOGIC_1164.ALL;

    ENTITY example IS
      PORT (d: IN STD_LOGIC_VECTOR (15 DOWNTO 0);

    clk, reset, oe: IN STD_LOGIC;
    q1: OUT STD_LOGIC_VECTOR (15 DOWNTO 0);
    q2: INOUT STD_LOGIC_VECTOR (15 DOWNTO 0);
    opt: OUT STD_LOGIC);
  END example;

2. 结构体

结构体定义了设计单元具体的功能,一定要跟在实体的后面。

结构体可以分为两个部分:说明部分和描述体部分。说明部分在 ARCHITECTURE 与 BEGIN 之间,定义需要在结构体内部出现的信号。对具体电路的描述出现在结构体内的 BEGIN 与 END 之间。

一个结构体的具体结构描述如下:
    ARCHITECTURE 结构体名 OF 实体名 IS
    [定义语句]内部信号,常数,数据类型等的定义;
    BEGIN
    [并发语句];
    END 结构体名;

例1.2 编写描述如图1.4所示的程序。

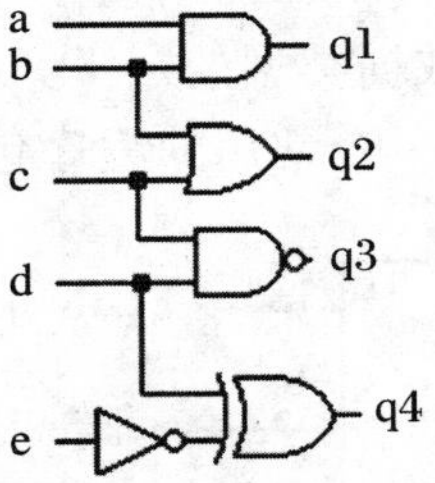

    ENTITY example IS
      PORT (a, b, c, d, e: IN STD_LOGIC;
            q1, q2, q3, q4: OUT STD_LOGIC);
    END example;

    ARCHITECTURE arch OF example IS
    SIGNAL tmp: STD_LOGIC;
    BEGIN
      q1<= a AND b;
      q2<= b OR c;
      tmp<= NOT e;
      q4<= d XOR tmp;
      q3<= c NAND d;
    END arch;

图1.4 电路原理图

其中小于等于符号"<="是信号赋值符号,表示将符号"<="右边的值赋给左边的信号。

结构体中还定义了内部信号 tmp,定义的内部信号既可以出现在信号赋值符号"<="的右边,也可以出现在信号赋值符号"<="的左边。

逻辑运算符:AND(与),OR(或),NAND(与非),NOR(或非),XOR(异或),NOT(非)。

结构体中的语句都是并发执行的,语句的执行不以书写的语句顺序为执行顺序。

上述代码中,如果对 q4 和 q3 的赋值语句的书写顺序加以改变,先写 q3 的赋值语句,后写 q4 的赋值语句,其结果也是一样的。

在结构体中的并发语句书写的先后顺序与描述的电路及其实现的逻辑功能没有关系。

1.2　VHDL 并发描述语句

VHDL 中能够进行并发处理的语句有:
(1) 并发信号赋值(Concurrent Signal Assignment)语句。
(2) 条件信号赋值(Conditional Signal Assignment)语句。
(3) 选择信号赋值(Selective Signal Assignment)语句。
(4) 并发过程调用(Concurrent Procedure Call)语句。
(5) 并发函数调用(Concurrent Function Call)语句。
(6) 进程(Process)语句。
(7) 块(Block)语句。
(8) 生成(Generate)语句。
(9) 元件例化(Component Instantiation)语句。

1. 并发信号赋值(Concurrent Signal Assignment)语句

当信号赋值符号"<="右边的信号值任意发生变化时,该信号赋值语句就执行一次。例如,q4<= NOT d,信号 d 任意发生变化时,该信号赋值语句就执行一次。

2. 条件信号赋值(Conditional Signal Assignment)语句

条件信号赋值语句也是并发描述语句,可以根据不同的条件,将不同的值赋给信号。其格式为:

信号名<=表达式1　WHEN　条件1　ELSE
　　　　　表达式2　WHEN　条件2　ELSE
　　　　　…
　　　　　表达式n-1　WHEN　条件n-1　ELSE
　　　　　表达式n;

在每个表达式后面,都跟有"WHEN"所指的条件,满足该条件时,将表达式的值赋给信号。最后一个表达式可以不跟条件,它表明上述条件都不满足时,将该表达式的值赋给信号。

例如,利用条件信号赋值描述四选一多路选择器。

ENTITY mux4 IS
　PORT (i0, i1, i2, i3: IN STD_LOGIC;
　　　　sel: IN STD_LOGIC_VECTOR(1 DOWNTO 0);
　　　　q: OUT STD_LOGIC);
END mux4;

ARCHITECTURE rtl OF mux4 IS
BEGIN
　　　q<= i0 WHEN sel = "00" ELSE
　　　　　i1 WHEN sel = "01" ELSE
　　　　　i2 WHEN sel = "10" ELSE
　　　　　i3;
END rtl;

例如,利用条件信号赋值描述如图1.5所示的带有复位和置位的锁存器。

ENTITY latch IS
　PORT (clk: IN STD_LOGIC;
　　　　rst: IN STD_LOGIC;
　　　　set: IN STD_LOGIC;
　　　　d: IN STD_LOGIC;
　　　　q: OUT STD_LOGIC);
END latch;

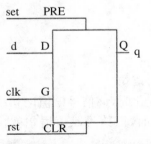

图1.5　带有复位和置位的锁存器

```
ARCHITECTURE Behavioral OF latch IS
    SIGNAL q_tmp: STD_LOGIC;
BEGIN
    q_tmp<='0' WHEN rst='1' ELSE
          '1' WHEN set='1' ELSE
          d WHEN clk='1' ELSE
          q_tmp;
    q<=q_tmp;
END Behavioral;
```

3. 选择信号赋值(Selective Signal Assignment)语句

其格式为：

```
WITH  表达式  SELECT
   信号名<=表达式1   WHEN  条件1,
          表达式2   WHEN  条件2,
          ...
          表达式n   WHEN  条件n,
          表达式    WHEN  others;
```

例如，使用选择信号赋值描述一位显示十六进制符号的七段译码器电路，输入信号 HEX 为二进制信号，信号 LED 为七段输出信号。

```
ENTITY hex_seven IS
    PORT(HEX: IN STD_LOGIC_VECTOR (3 DOWNTO 0);
         LED: OUT STD_LOGIC_VECTOR (6 DOWNTO 0));
END hex_seven;


--七段对应位置
--       0
--      ---
--    5 |  | 1
--      --- <- 6
--    4 |  | 2
--      ---
--       3
```

假设选择共阳极的 LED 数码管，如图 1.6 所示。

需要点亮数码管中的某一段时,应该控制对应的段码信号为低电平。

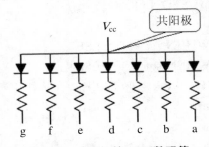

图 1.6 共阳极的 LED 数码管

ARCHITECTURE struct OF hex_seven IS
BEGIN
　WITH HEX SELECT
　　LED<= "1111001" WHEN "0001", --1
　　　　　"0100100" WHEN "0010", --2
　　　　　"0110000" WHEN "0011", --3
　　　　　"0011001" WHEN "0100", --4
　　　　　"0010010" WHEN "0101", --5
　　　　　"0000010" WHEN "0110", --6
　　　　　"1111000" WHEN "0111", --7
　　　　　"0000000" WHEN "1000", --8
　　　　　"0010000" WHEN "1001", --9
　　　　　"0001000" WHEN "1010", --A
　　　　　"0000011" WHEN "1011", --b
　　　　　"1000110" WHEN "1100", --C
　　　　　"0100001" WHEN "1101", --d
　　　　　"0000110" WHEN "1110", --E
　　　　　"0001110" WHEN "1111", --F
　　　　　"1000000" WHEN others; --0
END struct；

4. 并发过程调用(Concurrent Procedure Call)语句

(1) 过程语句

过程语句的结构：

PROCEDURE 过程名(参数1:参数2:…) IS
  ［定义语句］；（变量等定义）
BEGIN
  ［顺序处理语句］；（过程处理语句）
END 过程名；

过程中的输入/输出参数都应该列在过程名的括号内,注意过程中所包含的所有语句都是按顺序执行的。

(2) 调用格式

调用格式为：

  ［标号名：］ 过程名(参数名)；

例如,描述如图1.7所示的电路原理图。

LIBRARY IEEE；
USE IEEE.STD_LOGIC_1164.ALL；

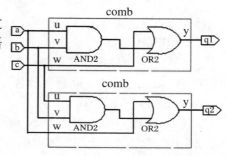

图1.7 电路原理图

ENTITY example IS
  PORT (a, b, c: IN STD_LOGIC；
        q1, q2: OUT STD_LOGIC)；
END example；

ARCHITECTURE Behavioral OF example IS

PROCEDURE comb (signal u, v, w: IN STD_LOGIC; signal y: OUT
                STD_LOGIC) IS
BEGIN
  y<= (u and v) or w；
END comb；

BEGIN
  u1: comb(a, b, c, q1)；
  u2: comb(b, c, a, q2)；

END Behavioral；

过程调用可以出现在并发语句结构中,也可以出现在顺序语句结构中。

5．并发函数调用(Concurrent Function Call)语句

(1) 函数语句

函数语句的结构:

  FUNCTION 函数名(参数1;参数2;…) RETURN 数据类型名 IS
   [定义语句];
  BEGIN
   [顺序处理语句];
   RETURN [返回变量名];
  END[函数名];

VHDL 语言中,FUNCTION 语句括号内的所有参数都是输入参数或输入信号。因此在括号内指定端口方向的"IN"可以省略。

函数必须以 RETURN 语句结束,并且返回一个值。

注意函数中所包含的所有语句都是按顺序执行的。

(2) 调用格式

调用格式为:

  信号名<＝函数名(参数名);

例如,描述如图 1.8 所示的电路原理图。

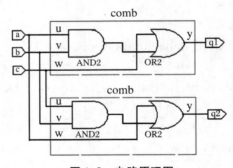

图 1.8　电路原理图

  LIBRARY IEEE;
  USE IEEE.STD_LOGIC_1164.ALL;

  ENTITY example IS
   PORT (a, b, c: IN STD_LOGIC;

q1，q2：OUT STD_LOGIC）；
END example；

ARCHITECTURE Behavioral OF example IS

FUNCTION comb（u，v，w：STD_LOGIC）RETURN STD_LOGIC IS
BEGIN
 　RETURN（u and v）or w；
END；

BEGIN
 　q1<＝comb(a,b,c)；
 　q2<＝comb(c,b,a)；
END Behavioral；

函数调用可以出现在并发语句结构中，也可以出现在顺序语句结构中。

过程和函数的区别在于：过程调用是一个语句；函数调用是一个表达式。

6. 进程(Process)语句

Process 语句有如下几个特点：① 进程可以与其他进程并发执行，如图 1.9 所示；② 进程结构中的所有语句都是按顺序执行的；③ 为了启动进程，在进程结构中必须包含一个敏感信号列表或包含一个 WAIT 语句；④ 进程之间的通信可以通过信号的传递来实现。

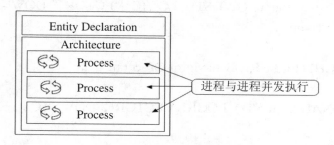

图 1.9　进程与进程并发执行

进程语句是 VHDL 语言中使用最广泛的语句之一，进程语句既能够描述组合逻辑，又能够描述时序逻辑。

进程语句描述组合逻辑电路时，应该不含有时钟触发脉冲信号的条件，例如，在进程内包含有类似 clk'event and clk = '1' 和 WAIT UNTIL clk = '1' 一样的语句。

进程语句描述组合逻辑电路时，组合逻辑电路的所有输入信号都应该列入敏感信号列表，如果没有将所有输入信号列入敏感信号列表，就有可能出现引入锁存器的现象，这样的设计结果与设计者的希望相违背。

(1) 进程语句的格式

进程语句的格式为：

[进程名]：PROCESS（敏感信号1，敏感信号2，…）
BEGIN
…
END PROCESS [进程名]；

(2) 进程语句的启动

在 Process 语句中一般都带有几个输入信号，在书写时写在 Process 后面的括号中。这些信号中的任一个信号发生变化（"1"变"0"或"0"变"1"）就启动 Process 语句，这些信号称为敏感信号。

例如，描述一个带有输入控制信号预置数（load）的四位二进制计数器：

```
LIBRARY IEEE;
USE IEEE.STD_LOGIC_1164.ALL;

ENTITY count_4 IS
    PORT (clk, load, data_in: IN STD_LOGIC;
          count: OUT STD_LOGIC_VECTOR(3 DOWNTO 0));
END count_4;

ARCHITECTURE Behavioral OF count_4 IS

SIGNAL tmp: STD_LOGIC_VECTOR(3 DOWNTO 0);

BEGIN
    PROCESS(clk)
    BEGIN
        IF rising_edge (clk) THEN
            IF load = '1' THEN
```

```
            tmp<= data_in;
         ELSE
            tmp<= tmp + '1';
         END IF;
      END IF;
   END PROCESS;
   Count<= tmp;
END Behavioral;
```

当进程的敏感信号 clk 发生变化时,进程中的语句将从上到下逐句执行一遍。首先检测是否是上升沿,然后检测输入控制信号 load 是否有效,决定执行装入预置数 data_in 还是执行计数器加 1。当最后一个语句执行完毕后,返回到开始的 Process 语句,等待敏感信号下一次变化的出现。这样,只要 Process 中指定的敏感信号变化一次,该 Process 语句就会执行一遍。

当进程的敏感信号参数表中,没有带任何敏感信号时,进程就只能依靠其中的 WAIT 语句启动。

在进程中,执行到 WAIT 语句时,运行程序被挂起(Suspension),直到满足该语句设置的结束挂起的条件后,再激活该进程。

例如:

```
LIBRARY IEEE;
USE IEEE.STD_LOGIC_1164.ALL;

ENTITY temp1 IS
PORT (d, clk: IN STD_LOGIC;
      q: OUT STD_LOGIC);
END;

ARCHITECTURE ar_temp1 OF temp1 IS
BEGIN
  P1: PROCESS
    BEGIN
      WAIT UNTIL (RISING_EDGE (clk));
      q<= d;
    END PROCESS P1;
```

END ar_temp1；

上述代码描述的是一个上升沿触发的 D 型触发器，其中条件等待语句 WAIT UNTIL（RISING_EDGE（clk））表示当输入信号 clk 的上升沿到来时，激活该进程 P1。函数 RISING_EDGE（clk）表示当 clk 上升沿到来时，该条件为真。

WAIT 语句只能在进程和子程序（过程和函数）中使用，当进程中使用了 WAIT 语句后，进程就不允许再带有敏感信号。

（3）进程语句的顺序性

Process 结构中的语句是按顺序一条一条向下执行的。VHDL 语言中，顺序执行的语句只在 PROCESS 和 SUBPROGRAMS 的结构中使用。一个结构体可以有多个并行运行的进程，每一个进程之间是并行执行的关系，而每一个进程的内部结构却由一系列顺序语句构成。

在进程中允许对同一个信号进行多次赋值，但结果是最后的信号赋值语句。

例如：

```
library ieee；
use ieee.std_logic_1164.all；

entity comb is
  port（a,b：in std_logic；
       q1,q2：out std_logic）；
end；

architecture comb_arch of comb is
signal e,f：std_logic；
begin
  process(a,b)
  begin
  f<＝a；
  e<＝a；
  q1<＝e；
  f<＝e and b；
  q2<＝f；
  end process；
end comb_arch；
```

上述程序描述的是一个组合逻辑电路,启动上述进程后,顺序执行进程中的信号赋值语句,f 的最后结果是 f = eb,相当于输出信号 q2 = ab,在该程序中可以说 f<=a 是一条无效语句。程序的仿真结果如图 1.10 所示。

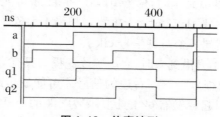

图 1.10 仿真波形

上述程序仅仅是为了说明进程中的语句执行过程。其实描述上述逻辑电路,只需 q1<=a 和 q2<=a and b 两条语句。

需要注意的是,信号的赋值并不是立即发生的,执行时钟信号启动进程语句中的信号值赋值时更要注意,只有当该进程结束时,信号赋值语句中的赋值符号"<="右边的信号才发生改变。

例如:

```
library ieee;
use ieee.std_logic_1164.all;
entity bfa is
    port (clk,d: in std_logic;
          q1,q2: out std_logic);
end;

architecture bfa_arch of bfa is
signal s1: std_logic;
begin
    process (clk)
    begin
        if (clk'event and clk = '1') then
            q1<=d;
            s1<=d;
            q2<=s1;
        end if;
```

end process;
　　　　end bfa_arch;

上述程序描述的是一个时序逻辑电路,当时钟信号 clk 发生变化后,启动该进程,时钟信号 clk 的上升沿到来时,信号 q1、s1 和 q2 才可能发生变化,因此进程中的信号赋值语句 q1<=d,s1<=d,q2<=s1,相当于引入了三个触发器,而且这三个触发器的时钟端受到同一个时钟信号 clk 控制。

当时钟信号 clk 的上升沿到来时,启动了该进程。只有当该进程结束时,进程中的三条信号赋值语句的符号"<="右边的信号才可能发生改变。所以当时钟信号 clk 的上升沿到来时,引起触发器 q2 的状态变为 clk 的上升沿到来前 s1 的状态,而不是信号的 d 状态。该程序描述的硬件逻辑电路原理图如图 1.11 所示。当然,该程序经过编译和综合后,只要用两个触发器就可以实现该程序描述的逻辑功能。

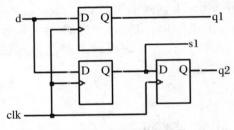

图 1.11　逻辑电路原理图

仿真波形如图 1.12 所示,输出信号 q1 和 q2 的波形是不一样的。

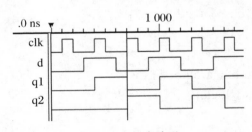

图 1.12　仿真波形

进程与其他进程是并发运行的关系,因此,该进程与其他进程不能对同一个信号进行赋值。

7. 块(Block)语句

块语句将结构体中的并行描述语句进行组合,增加并行描述语句及其结构的可读性。使结构体层次清晰,对技术交流、程序移植和修改都是非常有用的。

(1) Block 语句的结构
块结构标号：
　　BLOCK
　　BEGIN
　　〈并行语句集〉
　　…
　　END BLOCK 块结构名；
(2) Block 语句的并发性
Block 语句中所描述的各个语句是可以并发执行的，它与书写的顺序无关。VHDL 语言中，可以并发执行的语句称为并发语句(Concurrent Statement)。

例如，采用 Block 语句描述二选一电路。
　　ENTITY mux IS
　　PORT (d0, d1: IN STD_LOGIC;
　　　　　sel: IN STD_LOGIC;
　　　　　q: OUT STD_LOGIC)；
　　END mux;

　　ARCHITECTURE connect OF mux IS
　　　SIGNAL tmp1, tmp2, tmp3: STD_LOGIC;
　　BEGIN
　　　cale: BLOCK
　　　BEGIN
　　　　tmp1<= d0 AND sel；
　　　　tmp2<= d1 AND (NOT sel)；
　　　　tmp3<= tmp1 OR tmp2；
　　　　q<= tmp3；
　　　END BLOCK cale；
　　END connect；

其中，cale 为块结构标号，SIGNAL 为信号说明语句的关键字，当信号 d0 或 sel 发生变化时，将信号 d0 和 sel 相与后的结果赋给信号 tmp1。

8. 生成(Generate)语句

Generate 语句用来产生多个相同的结构，有 FOR_GENERATE 和 IF_GENERATE 两种形式。

标号:FOR 变量 IN 取值范围 GENERATE
〈并发处理语句〉;
END GENERATE [标号];

例如:
LIBRARY IEEE;
USE IEEE.STD_LOGIC_1164.ALL;

ENTITY example IS
  PORT (a: IN STD_LOGIC_VECTOR (3 downto 0);
        b: IN STD_LOGIC_VECTOR (3 downto 0);
        c: OUT STD_LOGIC_VECTOR (3 downto 0));
END example;

ARCHITECTURE Behavioral OF example IS

BEGIN
mult_and_gate: FOR i IN 0 TO 3 GENERATE
      c(i)<=a(i) AND b(i);
      END GENERATE;
END Behavioral;

9. 元件例化(Component Instantiation)语句

所谓元件例化就是将已经设计好的设计实体定义为一个元件与当前的设计实体中的指定端口相连接。如果把当前的设计实体看作一个电路系统,则该例化元件相当于该电路系统中的一个元件。

在多层次的设计中,高层次的设计模块可以调用低层次的设计模块,用基本的电路设计单元构成一个复杂的数字逻辑系统,如图1.13所示。

元件例化由元件说明语句和元件例化语句两个部分组成。

(1) 元件(Component)说明语句

元件说明语句指定了本结构体中所调用的是哪一个现成的逻辑描述模块,既可以出现在结构体中,也可以出现在程序包中。元件说明语句的书写格式如下:

COMPONENT 元件名
  GENERIC 说明;
  PORT 说明;

END COMPONENT；

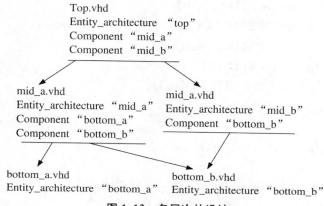

图 1.13 多层次的设计

在 COMPONENT 和 END COMPONENT 之间可以有参数传递的 Generic 语句和 Port 说明语句。Generic 语句通常用于元件的可变参数的赋值，而 Port 说明语句则说明该元件的输入和输出端口信号的规定。

(2) 元件例化(Component Instantiations)语句

如果在描述一个电路时，要引用(用"例化"(Instantiations)一词表示这种引用)其他子元件，可以采用元件例化语句。

元件例化语句的格式为：

例化标号名：元件名　PORT MAP(〈关联表〉)；

元件名是元件例化语句中说明的名字。元件说明中的端口称为局部端口。在元件例化语句时，端口的关联表必须将每个局部端口与实际连接的信号联系起来。

例如，用结构描述方式描述一个包含两个元件 comb3 和 comb2 的电路，电路原理图如图 1.14 所示。

library IEEE；
use IEEE.STD_LOGIC_1164.ALL；

ENTITY example IS
　PORT (a：IN STD_LOGIC；

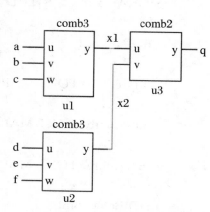

图 1.14 电路原理图

```
            b: IN STD_LOGIC;
            c: IN STD_LOGIC;
            d: IN STD_LOGIC;
            e: IN STD_LOGIC;
            f: IN STD_LOGIC;
            q: OUT STD_LOGIC);
END example;

ARCHITECTURE Behavioral OF example IS

COMPONENT comb3          --元件说明
   PORT (u, v, w: IN STD_LOGIC;
            y: OUT STD_LOGIC);
END COMPONENT;

COMPONENT comb2          --元件说明
   PORT (u, v: IN STD_LOGIC;
            y: OUT STD_LOGIC);
END COMPONENT;

SIGNAL x1, x2: STD_LOGIC;

BEGIN

   u1: comb3 PORT MAP(u=>a, v=>b, w=>c, y=>x1);
                                               --元件例化
   u2: comb3 PORT MAP (u=>d, v=>e, w=>f, y=>x2);
                                               --元件例化
   u3: comb2 PORT MAP (u=>x1, v=>x2, y=>q);   --元件例化

END Behavioral;
```
其中元件 comb3 例化了两次,其例化元件名分别为 u1 和 u2。上述程序还要输入下面具体的描述三输入与门、二输入或门的程序。

描述三输入与门元件的程序：
```
library IEEE;
use IEEE.STD_LOGIC_1164.ALL;

ENTITY comb3 IS
   PORT (u, v, w: IN STD_LOGIC;
         y: OUT STD_LOGIC);
end comb3;

ARCHITECTURE Behavioral OF comb3 IS
BEGIN
    q<= (u and v) or w;
END Behavioral;
```
描述二输入或门元件的程序：
```
library IEEE;
use IEEE.STD_LOGIC_1164.ALL;

ENTITY comb2 IS
   PORT (u, v: IN STD_LOGIC;
         y: OUT STD_LOGIC);
end comb2;

ARCHITECTURE Behavioral OF comb2 IS
BEGIN
    q<= u or v;
END Behavioral;
```

1.3 VHDL 的运算操作符

VHDL 共有四类操作，分别进行逻辑运算、关系运算、算术运算和连接运算。

1. 逻辑运算符

NOT（取反）、AND（与）、OR（或）、NAND（与非）、NOR（或非）、XOR（异或）、XNOR（同或）。

这种逻辑运算符，可以对数据类型为"STD_LOGIC"和"BIT"的逻辑数据、"STD_LOGIC_VECTOR"的逻辑型数组、布尔型数据进行逻辑运算。运算符左边和右边的数据类型必须一致。

2. 算术运算符

在 IEEE 库中的程序包 std_logic_arith 包含了一些算术和比较运算操作。

＋（加）、－（减）、*（乘）、/（除）、MOD（求模）、**（指数）。

3. 关系运算符

＝（等于）、/＝（不等于）、＜（小于）、＜＝（小于等于）、＞＝（大于等于）。

在关系运算符中小于等于符号"＜＝"和代入符号"＜＝"是相同的，在阅读 VHDL 的语句时，应该按照程序的上下语句关系来判断此符号是关系符还是代入符。

4. 连接运算符

连接运算符"&"用于位的连接。用于一维数组时，右边的内容接在左边的内容之后，形成一个新的数组。例如，a 和 b 都是具有两位长度的位向量，用连接符号连接后：

y＜＝a & b；

对 y 赋值后，y(3)为 a(1)，y(0)为 b(0)。

而下面的赋值是错误的：

signal a：std_logic；
signal b：std_logic_vector(3 downto 0)；
signal c：std_logic_vector(4 downto 0)；
…
c＜＝(a,b)；

1.4 标示符、数据对象、数据类型、属性和保留关键字

1.4.1 标示符（Identifiers）

标示符用于由设计者定义的名称，例如，信号名、变量名和进程名以及实体名

等都要用标示符。

标示符的命名规则：

（1）基本的标示符由 26 个字母、数字或单下划线"_"字符组成。

（2）第一个字符必须是字母。

（3）不能够连续使用"--"符号，标示符的最后也不能够使用"-"符号。"--"符号为注释标记。

（4）标示符的字母不区分大小写。

例如，声明信号名 inputa，INPUTA 和 InputA 表示的都是同一个信号。

设计者添加的标示符不能与 VHDL 的保留关键字相同。

1.4.2 数据对象(Data Objects)

常用的数据对象有三类：常量(Constant)、信号(Signal)、变量(Variable)。常量相当于硬件电路中信号保持恒定电平；信号和变量相当于电路中的连线和连线上的信号值。

1．常量(Constant)

常量说明就是对一个常量名赋予一个固定的值。常量说明的一般格式：

　　CONSTANT　常量名：数据类型：＝表达式；

例如，定义寄存器位宽度为 16 位：

　　CONSTANT　width：INTEGER：＝16；

定义延迟时间参数为 10 ns：

　　CONSTANT　DELAY：TIME：＝10 ns；

常量所赋予的值应该和定义的数据类型一致。

2．信号(Signal)

信号是一个全局量，它可以用于进程之间的通信，也可以用于说明电路内部的连线信号。信号通常在结构体、程序包和实体中说明。信号说明语句格式：

　　SIGNAL　信号名：数据类型　约束条件：＝表达式；

例如：

　　SIGNAL　tmp：STD_LOGIC：＝'0'；

其中符号"：＝"表示直接赋值，用于指定信号的初始值。初始值是可选项，在进行综合时，综合器会忽略该初始值，但是在进行仿真时，该初始值是有效的，对仿真结果会产生影响。

信号赋值语句的格式为：

　　［信号名］＜＝［表达式］；

其中信号赋值符号为"＜＝"。

3．变量(Variable)

变量只能够在进程语句、函数语句和过程语句结构中使用,是一个局部变量。变量说明语句的格式:

    VARIABLE　变量名:数据类型　约束条件:＝表达式;

例如:

    VARIABLE　count:INTEGER　RANGE　0 TO 255:＝10;

变量 count 为整数类型,RANGE　0 TO 255 是对类型 INTEGER 的附加限制。该语句一旦执行,立即将初始值 10 赋予变量。

变量可以定义成布尔(Boolean)类型、整数(Integer)类型、BIT 和 BIT_VECTOR 类型、STD_LOGIC 和 STD_LOGIC_VECTOR 类型。

变量赋值语句的格式为:

    [变量名]:＝[表达式];

其中变量赋值符号为":＝"。变量与信号不同,赋给信号的值经过一段时间延迟后,才能够成为当前值,而分配给变量的值,则立即成为当前值;信号与硬件电路中的"连线"相对应,而变量在硬件电路中,没有直接的对应物,只是临时存储,表示需要立即改变的行为,最后还是要将变量赋给信号,而且变量不能够作为进程的敏感信号。

4．信号与变量

信号与变量之间的差别如表 1.1 所示。

表 1.1

	信　号	变　量
赋值符号	＜＝	:＝
赋值后的变化	经过一段时间延迟才能够成为当前值	变量立即改变
作用范围	全局	局部

信号与变量在结构体的位置说明:

  ARCHITECTURE sv_arch OF sv IS

 {信号说明}　--在进程外部对信号说明,该信号对所有的进程都是可见的

 BEGIN

  进程标号 1:PROCESS

  {变量说明}　--在进程内部对变量说明,该变量只在进程是可见的

  …

  END PROCESS 进程标号 1;

进程标号2：PROCESS
｛变量说明｝
...
END PROCESS 进程标号2；
END sv_arch；

下面通过几个具体的例子说明信号与变量的区别。

例1.3

```
library IEEE；
use IEEE.STD_LOGIC_1164.ALL；

entity sv1 is
  Port (y0, y1, y2, y3, y4, y5, y6, y7: OUT STD_LOGIC)；
end sv1；

architecture Behavioral of sv1 is
signal S1, S2: STD_LOGIC；
begin
process(S1, S2)
  variable V1, V2: STD_LOGIC；
  begin
  V1: = '1'；
  V2: = '1'；
  S1<= '1'；
  S2<= '1'；        --这条语句对执行结果没有影响，因为S2的值由该进
                     程中后面对S2赋值的结果决定
  y0<= V1；         --y0的值为'1'，为上面V1的值
  y1<= V2；         --y1的值为'1'，为上面V2的值
  y2<= S1；         --y2的值为'1'，为上面S1的值
  y3<= S2；         --y3的值为'0'，为下面S2的值，而不是上面S1的值
  V1: = '0'；        --对V1赋新值
  V2: = '0'；        --对V2赋新值
  S2<= '0'；        --这条语句取代上面对S2的赋值
  y4<= V1；         --y4的值为'0'
```

```
    y5<=V2;        --y5 的值为 '0'
    y6<=S1;        --y6 的值为 '1'
    y7<=S2;        --y7 的值为 '0'
  end process;
end Behavioral;
```

上面的程序描述的是组合电路,最后的执行结果为:

s_out(1) = s_out(2) = s_out(3) = s_out(7) = 1; s_out(4) = s_out(5) = s_out(6) = s_out(8) = 0;

例 1.4

程序 1

```
library IEEE;
use IEEE.STD_LOGIC_1164.ALL;

entity xor_sig is
  port (A, B, C: in STD_LOGIC;
        X, Y: out STD_LOGIC);
end xor_sig;

architecture SIG_ARCH of xor_sig is
signal D: STD_LOGIC;
begin
SIG:process (A,B,C)
begin
    D<=A;         --该赋值语句会被后面的赋值语句取代
    X<=C xor D;
    D<=B;         --该赋值语句被前面的赋值语句取代
    Y<=C xor D;
  end process;
end SIG_ARCH;
```

综合后的电路原理图如图 1.15 所示,输入信号 A 对输出结果没有产生任何影响,输出信号 X 和 Y 的结果是一样的。

程序 2

```
Library IEEE;
```

use IEEE.std_logic_1164.all；
use IEEE.std_logic_unsigned.all；
entity xor_var is
　port（A，B，C：in STD_LOGIC；
　　　　X，Y：out STD_LOGIC）；
end xor_var；

architecture VAR_ARCH of xor_var is
begin
VAR：process（A，B，C）
　　　variable D：STD_LOGIC；
　　　begin
　　　　D：=A；
　　　　X<=C xor D；
　　　　D：=B；
　　　　Y<=C xor D；
　　end process；
end VAR_ARCH；

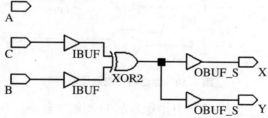

图1.15　综合后的电路原理图

综合后的电路原理图如图1.16所示。
例1.5
　library IEEE；
　use IEEE.STD_LOGIC_1164.ALL；

　ENTITY reg1 IS
　　PORT（d：in STD_LOGIC；

```
        clk: in STD_LOGIC;
        q: out STD_LOGIC);
END reg1;

ARCHITECTURE reg1 OF reg1 IS
BEGIN
  PROCESS (clk)
    VARIABLE a, b: STD_LOGIC;
  BEGIN
    IF rising_edge(clk) THEN
      a: = d;
      b: = a;
      q< = b;
    END IF;
  END PROCESS;
END reg1;
```

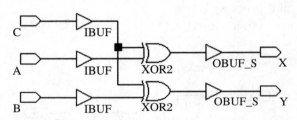

图 1.16 综合后的电路原理图

上面的程序描述的是一个上升沿触发的 D 型触发器。

1.4.3 数据类型(Data Types)

VHDL 是一种对数据类型的定义非常严格的硬件描述语言,规定每一个对象都必须有明确的数据类型。不同类型之间的数据不能够直接代入,把不同的数据类型的信号连接起来就是非法的。可以赋予一个值的对象具有一个类型,而且只能够具有那个类型的值。

对于非常接近的数据类型的数据对象,也可以进行数据类型转换。

1. VHDL 的预定义数据类型

在 STD 库中有一个标准（Standard）程序包，定义了一些预定义的数据类型。由于在用 VHDL 编写程序时，STD 库总是自动打开的，当使用到这些数据类型时，不需要使用 USE 语句打开 STD 库。常用的预定义数据类型如下：

(1) 整数(Integer)类型

例如：

  signal int_s: integer ranger 0 to 255; --信号 int_s 的数据宽度为 8 位

VHDL 的算术运算符都定义为整数，包含正整数、负整数和 0，默认位数为 32 位。描述算术运算时，一般都使用整数类型。但是使用整数也有一些缺点，很难表示未知、三态等逻辑状态。VHDL 的整数范围为 $-(2^{31}-1) \sim (2^{31}-1)$，实际使用整数类型时，如果不对具体信号或变量的整数范围做限制，会使用过多的芯片资源，对于容量比较小的 FPGA 或 CPLD 芯片，会由于占用资源太多而不能够实现设计的功能。范围限定一般采用关键字 ranger 来确定。

(2) 实数(Real)数据类型

实数的取值范围为 $-1.0E38 \sim +1.0E38$。由于要完成具有实数的运算需要大量的资源，一般的可编程逻辑器件开发系统中的 VHDL 综合器不支持实数数据类型。

(3) 位(Bit)和位向量(Bit_Vector)类型

位(Bit)和位向量(Bit_Vector)类型是预定义类型，通用性强。位(Bit)只能取值"0"或"1"，位值放在单引号中。位向量是用双引号括起来的一组位数据。

  "001100"

  X"00AA"

X 表示的是十六进制。一般用位向量表示总线的状态。

一般用位向量表示硬件电路的信号总线，可以采用多种方式对信号总线进行赋值。

例如：设定义信号：

  signal a: bit_vector(3 downto 0);

则

  a<= "1011"; --执行该赋值语句后，a(3)='1',a(2)='0',a(1)='1',
         a(0)='1'

  a(2)<='0'; --执行该赋值语句后，a(2)='0'

  a(3 downto 1)<= "100"; --执行该赋值语句后，a(3)='1',a(2)='0',
            a(1)='0'

a(3 downto 0)<= x"A";　　--执行该赋值语句后,a(3) = '1',a(2) = '0',
　　　　　　　　　　　　　　a(1) = '1',a(0) = '0'
a<= (others =>'1');　　　--执行该赋值语句后,a(3) = '1',a(2) = '1',
　　　　　　　　　　　　　　a(1) = '1',a(0) = '1'

(4) 布尔(Boolean)数据类型

布尔数据类型经常用于逻辑关系运算,它的取值只有两个(TRUE 和 FALSE)。它和位数据类型不同,没有数值的含义,也不能够进行算术运算。

(5) 字符(Character)类型

当对一个变量进行字符赋值操作时,应该先说明后赋值,例如,将字符 A 赋给变量 C,先说明如下:

　　　　variable C: character;

然后进行赋值操作:

　　　　C: = 'A';

其中字符 A 放在单引号中。

(6) 时间(Time)类型（物理类型）

时间是一个物理量。完整的时间量数据应该包含整数和单位两个部分,整数和单位之间应该留一个空格的位置。

格式:

　　　　TYPE　数据类型名　IS　范围;
　　　　　　UNITS　基本单位;
　　　　　　单位;
　　　　END　UNITS;

例如,在 STD 库的 STANDARD 程序包中,对时间类型是这样定义的:

TYPE Time IS -2147483647 TO 2147483647;
　　UNITS
　　　　fs;
　　ps = 1000 fs;
　　ns = 1000 ps;
　　μs = 1000 ns;
　　ms = 1000 μs;
　　sec = 1000 ms;
　　min = 60 sec;
　　hr = 60 min;

END UNITS；

2. IEEE 预定义的标准逻辑数据类型

VHDL 的标准数据"BIT"类型是一个逻辑数据类型。定义为"BIT"类型的数据对象的取值只能够是"0"和"1"，不能够描述高阻状态。在 IEEE 库的程序包 STD_LOGIC_1164 中，定义了包含高阻(Z)、不定(X)状态的标准逻辑位和逻辑向量数据 STD_LOGIC 与 STD_LOGIC_VECTOR 类型。

当使用这类数据类型时，必须写出库说明语句和使用程序包集合的说明语句。

3. 用户定义的数据类型

VHDL 有许多不需要用户自己说明的预定义类型，这些预定义类型放在标准程序包中，只要打开标准程序包就可以使用。也允许用户根据芯片的资源和实际的需要，自己定义数据类型。

可以由用户定义的数据类型有：

整数(Integer)类型、枚举(Enumerated)类型、数组(Array)类型、实数(Real)类型、存取(Access)类型、文件(File)类型、记录(Record)类型、时间(Time)类型(物理类型)。下面对常用的几种用户定义的数据类型加以说明。

(1) 整数(Integer)类型

整数类型在标准的程序包中已经做了定义。但在实际应用中，数据类型的取值范围比较小，应该限定取值范围，避免占用过多的资源。

定义格式：

  TYPE　数据类型名　IS　数据类型定义　约束范围；

例如：

  TYPE　digit　IS　INTEGER　RANGE　0 TO 9；

(2) 枚举(Enumerated)类型

枚举类型是一种特殊的数据类型，可以用文字符号来表示一组实际的二进制数。枚举类型最适合表示有限状态机的状态，有助于改善复杂电路的可读性。

定义格式：

  TYPE　数据类型名　IS　(元素1，元素2，…)；

例如：

  TYPE　states　IS　(idle，start，busy，stop)；

在综合过程中，对枚举类型的编码通常是自动的，枚举类型按二进制编码。依据类型定义时，各元素自左向右的出现顺序，分配一个二进制代码。上述语句中，最左边的元素 idle 的值为 00，01，10 和 11，综合成两根信号线表示 states。

例如：

TYPE state_type IS (s1,s2,s3,s4,s5,s6,s7);
SIGNAL cs,ns: state_type;

综合过程中,对上述枚举类型的编码 S1 = "000", S2 = "001", S3 = "010", S4 = "011", S5 = "100", S6 = "101"和 S7 = "110"。

(3) 子类型

子类型不是一种新的数据类型,而是对已经有的数据类型加以限制,决定哪些值位于子类型中的条件为约束。声明子类型的格式为:

SUBTYPE 子类型名 IS 基本数据类型 约束范围;

例如:

SUBTYPE small_int IS INTEGER RANGE 0 TO 127;

将子类型 small_int 的值限制在 0~127 的范围。

(4) 数组(Array)类型

数组是相同类型数据集合在一起形成的一个新的数据类型。数组可以是一维的,也可以是多维的。

数组定义的格式为:

TYPE 数据类型名 IS ARRAY 范围 OF 原数据名

例如:

TYPE word IS ARRAY (15 DOWNTO 0) OF STD_LOGIC;

其中(15 DOWNTO 0)决定了数组元素的个数有 16 个和元素的排序方向。"DOWNTO"指明下标将以降序变化。

例如:

TYPE matrix IS ARRAY (1 TO 8,1 TO 8) OF STD_LOGIC;

"TO"指明下标将以升序变化,按低到高的顺序,排列八个元素。

为了使整个设计保持一致的设计风格,建议采用关键字"DOWNTO"来说明数组或向量,这种表示方法更适合硬件设计者通常的表示方式,向量最高位的下标值最大,并且处于向量的最左边。

例如:描述多维数组。

entity example is
　　Port (u, v, w: out STD_LOGIC_VECTOR (7 downto 0);
　　　　q1, q2, q3: out STD_LOGIC);
end example;

architecture Behavioral of example is

```vhdl
subtype tab1 is STD_LOGIC_VECTOR (7 downto 0);
type tab2 is array (7 downto 0) of tab1;
type tab3 is array (1 downto 0, 1 downto 0) of tab1;

signal tmp: tab3;

constant cnst: tab2: = tab2'(
                    "00000001",
                    "00000010",
                    "00000100",
                    "00001000",
                    "00010000",
                    "00100000",
                    "01000000",
                    "10000000");

begin
    u<= cnst(0);          --u = "10000000"
    v<= cnst(7);          --v = "00000001"

    tmp(1,1)<= cnst(1);
    w<= tmp(1,1);         --w = "01000000"

    q1<= cnst(0)(0);      --q1 = '0'
    q2<= cnst(7)(7);      --q2 = '0'

    tmp(0,0)<= cnst(0);
    q3<= tmp(0,0)(7);     --q3 = '1'
end Behavioral;
```

4. 属性

VHDL 中可以具有属性(Attribute)的项目(Items)如下：
- 类型、子类型；

- 过程、函数；
- 信号、变量和常量；
- 实体、结构体、配置和程序包；
- 元件；
- 语句标号。

属性是上述项目的特征。通过预定义属性描述语句，可以得到预定义项目的有关值、功能、类型和范围。预定义的属性类型有以下几种：

- 类型（TYPES）的属性；
- 数组（ARRAY）的属性；
- 信号（SIGNALS）的属性；
- 字符串属性。

定义属性的一般格式为：

项目名'属性表示符。

(1) 类型（Types）的属性

例如，有一个类型为 T，常用类型的属性有：

T'LEFT	T 中最左端的值；
T'RIGHT	T 中最右端的值；
T'HIGH	T 中的最大值；
T'LOW	T 中的最小值；
T'POS(n)	参数 n 在 T 中位置序号；
T'VAL(n)	T 中位置为 n 的值；
T'SUCC(n)	得到的值为 T'VAL(T'POS(n)+1)；
T'PRED(n)	得到的值为 T'VAL(T'POS(n)-1)；
T'LEFT OF(n)	得到靠近输入 n 的左边的值；
T'RIGHT OF(n)	得到靠近输入 n 的右边的值。

例如：

TYPE number IS INTEGER 0 TO 9；

...

i: = number'LEFT;   -- i = 0

i: = number'RIGHT;   -- i = 9

i: = number'HIGH;   -- i = 9

i: = number'LOW;   -- i = 0

(2) 数组的属性

常用的数组属性有：

A′LEFT（n）   索引号 n 的区间的左端位置序号；
A′RIGHT（n）   索引号 n 的区间的右端位置序号；
A′HIGH（n）   索引号 n 的区间的高端位置序号；
A′LOW（n）   索引号 n 的区间的低端位置序号；
A′LENGTH（n）   索引号 n 的区间的长度值；
A′RANGE(n)   索引号 n 的区间的范围。

(3) 信号的属性

s′DELAYED(t)   延时 t 个时间单位的信号；
s′STABLE(t)   在 t 个时间单位内，如果没有时间发生，返回 TRUE，否则返回 FALSE；
s′QUIET(t)   如果该信号在 t 个时间单位内没有发生变化，返回 TRUE，否则返回 FALSE；
s′TRANSACTION   建立一个 BIT 类型的信号，当 s 每次改变时，该 BIT 信号翻转；
s′EVENT   若在当前模拟周期内，该信号发生了某个事件(信号值发生了变化，an event has occurred)，返回 TRUE，否则返回 FALSE，事件(EVENT)要求信号值发生变化；
s′ACTIVE   若在当前模拟周期内，该信号发生了事件处理(a transaction has occurred)，返回 TRUE，否则返回 FALSE，信号的活跃(Active)指信号值的任何变化，从逻辑 1 变到 1，也是一个活跃；
s′LAST_EVENT   该信号前一个事件发生到现在所经过的时间；
s′LAST_VALUE   该信号在最近一个事件发生以前的值；
s′LAST_ACTIVE   从前一个事件处理到现在所经过的时间。

例如：

表示一个上升沿时钟 clk：

    clk ′EVENT　AND　clk = ′1′；

表示一个下降沿时钟 clk：

    clk ′EVENT　AND　clk = ′0′；

5. 数据类型的转换

VHDL 是一种强类型语言，这意味着如果两个信号的数据类型不同，是不允许将其中的一个信号的值赋给另一个信号的,这个问题一般可以通过将信号的数据类型转换成相同的数据类型来解决。整数类型与 STD_LOGIC 类型可以相互转换,将 STD_LOGIC_VECTOR 类型转换成整数类型的函数为 conv_integer;将整数类型转换成 STD_LOGIC_VECTOR 类型的函数为 conv_std_logic_vector,转换函数由 ieee.std_logic_arith 库提供。

```
library ieee;
use ieee.std_logic_1164.all;
use ieee.std_logic_arith.all;    --在实体说明前,必须加上这条语句,因
                                   为转换函数是由 ieee.std_logic_arith
                                   库提供的

entity test is
    port(a: in std_logic_vector(3 downto 0);
         b: in integer range 0 to 15;
         c: out std_logic_vector(3 downto 0);
         d: out integer range 0 to 15);
end test;

architecture test_body of test is
begin
    c<= conv_std_logic_vector(b,4);    --将整数转换成 std_logic_
                                         vector 类型
    d<= conv_integer(a);                --将 std_logic_vector 转换成整数类型
end test_body;
```

其中语句 conv_std_logic_vector(b,4)表示将整数 b 转换成数据宽度 4 位的 std_logic_vector 类型,即返回的数据类型是 STD_LOGIC_VECTOR(3 downto 0)。

6. 类型的限定

有时表达式的类型不是很清楚,可以使用类型限定,给指定的数据类型再加一个撇号"'",例如:

```
ROM_type'("00","01","10");
```

1.4.4 保留关键字

ABS	FILE	OF	SRA
ACCESS	FOR	ON	SUBTYPE
AFTER	FUNCTION	OPEN	
ALIAS		OR	THEN
ALL	GENERATE	OTHERS	TO
AND	GENERIC	OUT	TRANSPORT
ARCHITECTURE	GUARDED		TYPE
ARRAY		PACKAGE	
ASSERT	IF	PORT	UNAFFECTED
ATTRIBUTE	IMPURE	POSTPONED	UNITS
	IN	PROCEDURE	UNTIL
BEGIN	INERTIAL	PROCESS	USE
BLOCK	INOUT	PURE	
BODY	IS		VARIABLE
BUFFER		RANGE	
BUS	LABEL	RECORD	WAIT
	LIBRARY	REGISTER	WHEN
CASE	LINKAGE	REJECT	WHILE
COMPONENT	LITERAL	REM	WITH
CONFIGURATION	LOOP	RETURN	
CONSTANT		ROL	XNOR
	MAP	ROR	XOR
DISCONNECT	MOD		
DOWNTO			
	NAND	SELECT	
ELSE	NEW	SEVERITY	
ELSIF	NEXT	SHARED	
END	NOR	SIGNAL	
ENTITY	NOT	SLA	
EXIT	NULL	SLL	

1.5 顺序描述语句

顺序描述语句只能够出现在进程、函数或过程中,按语句出现的次序执行。VHDL 中的顺序语句包括以下几种类型:
- 信号赋值;
- 变量赋值;
- 过程调用和函数调用;
- WAIT 语句、信号赋值语句、变量赋值语句、IF 语句、CASE 语句、LOOP 语句、过程和函数调用语句、NULL 空语句。

1. WAIT 语句

进程(Process)的执行过程可以由 WAIT 语句控制,注意,当进程中使用了 WAIT 语句后,就不能够再使用进程的敏感信号了。WAIT 语句有以下四种形式:

WAIT　　　　　　　　　　　无限等待。
WAIT ON(信号名表)　　　　当其中任何一个信号发生变化,该进程就被激活。
WAIT UNTIL(条件表达式)　　当条件表达式的取值为真时,激活该进程。
WAIT FOR(时间表达式)　　　给出了进程被挂起的最长时间,一旦超过了这个时间值,激活该进程。

用 WAIT 语句可以描述边沿触发的时钟信号,例如:

　　WAIT UNTIL RISING_EDGE(clk);
　　WAIT UNTIL clk'EVENT AND clk = '1';
　　WAIT UNTIL FALLING_EDGE(clk);
　　WAIT UNTIL clk'EVENT AND clk = '0';

例如,用 WAIT 语句描述一个如图 1.17 所示的电路原理图。

```
ENTITY example IS
    PORT (clk, a, b, c: IN STD_LOGIC;
          y: OUT STD_LOGIC);
END example;
```

ARCHITECTURE Behavioral OF example IS

BEGIN
　PROCESS
　BEGIN
　　WAIT UNTIL rising_edge（clk）；
　　y＜=（a AND b) AND c；
　END PROCESS；
END Behavioral；

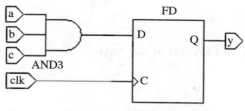

图 1.17　电路原理图

2. 信号赋值语句

格式为：

　　信号名＜=信号变量表达式；

赋值符号两边信号的类型和长度应该一致。

对向量赋值时，如果信号的位数比较长，可以采用聚合赋值，例如，假设信号 a 的数据宽度为 8 位，语句 a＜=（others=＞'1'）与语句 a＜= "11111111"的作用相同。语句 a＜=（others=＞'1'）的优点是给数据宽度比较长的信号赋值时，写起来简单，而且与数据宽度无关。还可以给向量的一部分赋值后，再用 others 给其余各位赋值。例如：

　　a＜=（1=＞'1',4=＞'1',others=＞'0'）；

上面的赋值语句表示给向量 a 的第一位和第四位赋值为 1，而其余各位赋值为 0。

3. 变量赋值语句

变量的说明和赋值只能够在进程、函数和过程中。变量的赋值符号为"：=",符号"：="也可以给任何对象赋初值，但不会引起错误解释，操作符号的意义根据上下文来决定。

格式为：

变量名：=表达式；

当信号类型与变量类型一致时,允许二者相互赋值。

对变量进行赋值时,会因为赋值语句顺序不一样,造成最后综合的结果不一样。例如：

entity sig_var1 is

port (Clk,In1,In2：in STD_LOGIC；
    Trgt3：out STD_LOGIC)；

end sig_var1；

architecture Behavioral of sig_var1 is

begin

Process (Clk)
variable Trgt1,Trgt2：STD_LOGIC；
  begin
    if (Clk'Event and Clk = '1') then
      Trgt1：= In1 xor In2；
      Trgt2：= Trgt1；
      Trgt3<= Trgt2；
    end if；
  end Process；

end Behavioral；

综合后的结果如图 1.18 所示。

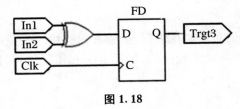

图 1.18

改变 Process 中信号和变量赋值顺序：
  entity sig_var1 is

  port (Clk, In1, In2: in STD_LOGIC;
        Trgt3: out STD_LOGIC);

  end sig_var1;

  architecture Behavioral of sig_var1 is

  begin

  Process (Clk)
  variable Trgt1, Trgt2: STD_LOGIC;
    begin
      if (Clk'Event and Clk = '1') then
        Trgt3 <= Trgt2;
        Trgt2 := Trgt1;
        Trgt1 := In1 xor In2;
      end if;
    end Process;

  end Behavioral;
综合后的结果如图 1.19 所示。

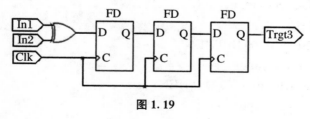

图 1.19

4. IF 语句
IF 语句格式：

```
IF〈条件〉THEN
    顺序处理语句;
  ELSIF〈条件〉THEN
    顺序处理语句;
  ELSE
    顺序处理语句;
END IF;
```

例如,用 VHDL 描述一个如图 1.20 所示的四选一多路选择器。输入信号是 input〈3:0〉,输入选择控制信号是 sel〈1:0〉,输出信号是 q。

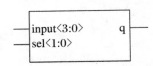

图 1.20 四选一多路选择器

四选一多路选择器的程序如下:

```
LIBRARY IEEE;
USE IEEE.STD_LOGIC_1164.ALL;
ENTITY mux4 IS
  PORT (input: IN STD_LOGIC_VECTOR (3 DOWNTO 0);
        sel: IN STD_LOGIC_VECTOR (1 DOWNTO 0);
        q: OUT STD_LOGIC);
END mux4;
ARCHITECTURE rtl OF mux4 IS
BEGIN
  PROCESS (input, sel)
  BEGIN
    IF(sel = "00") THEN
      q <= input (0);
    ELSIF(sel = "01") THEN
      q <= input (1);
    ELSIF(sel = "10") THEN
      q <= input (2);
    ELSE
```

     q<= input (3);
    END IF;
   END PROCESS;
 END rtl;
上述程序描述的电路原理图如图 1.21 所示。

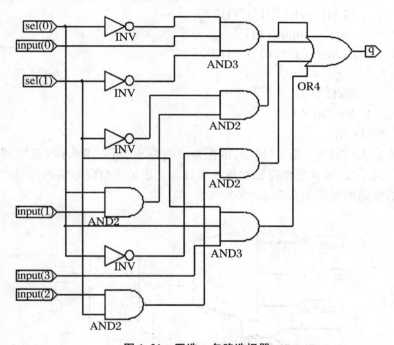

图 1.21 四选一多路选择器

  使用 IF 语句时,应该列出所有的条件分支,否则可能引入锁存器,例如,上述四选一多路选择器的程序如果没有列出条件 sel = "11",就引入了锁存器。
  LIBRARY IEEE;
  USE IEEE.STD_LOGIC_1164.ALL;
  ENTITY mux4 IS
   PORT (input: IN STD_LOGIC_VECTOR (3 DOWNTO 0);
     sel: IN STD_LOGIC_VECTOR (1 DOWNTO 0);
     q: OUT STD_LOGIC);
  END mux4;
  ARCHITECTURE rtl OF mux4 IS

```
    BEGIN
      PROCESS (input, sel)
      BEGIN
        IF(sel = "00") THEN
          q< = input (0);
        ELSIF(sel = "01") THEN
          q< = input (1);
        ELSIF(sel = "10") THEN
          q< = input (2);
        END IF;
      END PROCESS;
    END rtl;
```

因为输入信号 sel 等于"11"时的条件没有列出,所以当 sel 等于"11"时,输出信号 q 保持不变,该功能依靠锁存器来实现。上述描述组合电路的代码经过综合,综合后的电路原理图如图 1.22 所示。

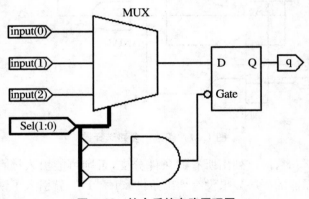

图 1.22 综合后的电路原理图

使用 IF 语句时,应该注意描述时序逻辑和组合逻辑的区别。
例如:

```
    PROCESS(c, d)
    BEGIN
      IF c = '1' THEN
        q< = d;
```

        END IF;
    END PROCESS；

上述代码描述的是锁存器,当 c 为高电平时,输出信号 q 随输入信号 d 的变化而变化;当 c 为低电平时,输出信号 q 保持不变,描述的是时序逻辑。

如果加上 else 语句：
    PROCESS(c,d)
    BEGIN
        IF c = '1' THEN
            q<= d;
        ELSE
            q<= '1';
        END IF;
    END PROCESS;

上述代码描述的是如图 1.23 所示的组合逻辑电路原理图,当 c 为高电平时,输出信号 q=a;当 c 为低电平时,输出信号为高电平。

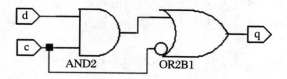

图 1.23　组合逻辑电路原理图

如果再做一些变化,例如：
    PROCESS(c,a,b)
    BEGIN
        IF c = '1' THEN
            q<= a;
        ELSE
            q<= b;
        END IF;
    END PROCESS；

上述代码描述的是如图 1.24 所示的二选一选择器,当 c 为高电平时,输出信号 q=a;当 c 为低电平时,输出信号 q=b,描述的是组合逻辑。

5. CASE 语句

CASE 语句是另一种形式的条件控制结构,它根据所给表达式的值域选择执行语句集,用来描述总线或编码、译码的行为,从许多不同语句的序列中,选择并执行其中的一个。

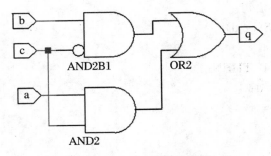

图 1.24 二选一多路选择器

CASE 语句格式:
  CASE　表达式　IS
   WHEN　条件表达式 1 =>顺序语句;
   WHEN　条件表达式 2 =>顺序语句;
   ...
   WHEN　条件表达式 N =>顺序语句;
  END CASE;

当 CASE 和 IS 之间表达式的取值满足指定条件表达式的值时,程序执行由符号"=>"所指的顺序处理语句。

例如,用 VHDL 描述一个四选一多路选择器。

```
LIBRARY IEEE;
USE IEEE.STD_LOGIC_1164.ALL;

entity example is
  Port (sel: in STD_LOGIC_VECTOR (1 downto 0);
        i0: in STD_LOGIC;
        i1: in STD_LOGIC;
        i2: in STD_LOGIC;
        i3: in STD_LOGIC;
        q: out STD_LOGIC);
```

end example;

architecture Behavioral of example is

begin

process(sel, i0, i1, i2, i3)
begin
  CASE sel IS
    WHEN "00" => q <= i0;
    WHEN "01" => q <= i1;
    WHEN "10" => q <= i2;
    WHEN others => q <= i3;
  END CASE;
end process;
  end Behavioral;

CASE 语句的所有条件都必须列出来,但是不允许在几个 WHEN 子句中包含相同的选择条件。如果 CASE 语句的条件很多,将所有条件一一列出来麻烦,遇到这种情况时,可以使用 OTHERS 表示。

例如,描述一个如图 1.25 所示的组合逻辑电路原理图,当输入信号 sel⟨2:0⟩为"000"时,输出信号 q 等于 a;当输入信号 sel⟨2:0⟩为"001"或"010"时,输出信号 q 等于 b;当输入信号 sel⟨2:0⟩为"011""100"或"101"时,输出信号 q 等于 c;当输入信号 sel⟨2:0⟩为其他值时,输出信号 q 等于 d。

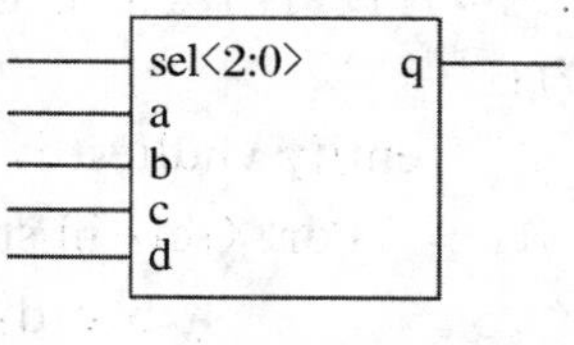

图 1.25 四选一多路选择器

library IEEE;
use IEEE.STD_LOGIC_1164.ALL;

entity vhdltest is
  Port (sel: in std_logic_vector(2 downto 0);
      a,b,c,d: in std_logic;
      q: out std_logic);
end vhdltest;

```
architecture Behavioral of vhdltest is
begin
process(sel,a,b,c,d)
    variable sela: integer range 7 downto 0;
    begin
        sela: = conv_integer(sel);
        case sela is
            when 0 => q <= a;           --sel<2:0>为"000"时,q 等于 a
            when 1 | 2 => q <= b;       --sel<2:0>为"001"或"010"时,q 等于 b
            when 3 to 5 => q <= c;      --sel<2:0>为"011"到"101"时,q 等于 c
            when others => q <= d;      --sel<2:0>为其他值时,q 等于 d
        end case;
    end process;
end Behavioral;
```

在 CASE 语句的条件表达式不能够像上述程序中的语句"when 3 to 5"一样,对向量指定范围,所以,必须先将信号的 std_logic_vector 类型转换成整数类型,用 conv_integer()转换函数来实现。如果不进行转换,而在 CASE 语句的条件表达式中,直接对向量指定范围,在进行综合时,会提示错误信息。将上述程序改写为:

```
entity vhdltest is
    Port (sel: in std_logic_vector(2 downto 0);
          a,b,c,d: in std_logic;
          q: out std_logic);
end vhdltest;

architecture Behavioral of vhdltest is
begin
process(sel,a,b,c,d)
begin
    case sel is
        when "000" => q <= a;
        when "001" | "010" => q <= b;
```

```
            when "011" to "101"=>q<=c;    --错误条件表达式,指定的范
                                            围与数据类型不匹配
            when others=>q<=d;
        end case;
    end process;
end Behavioral;
```

在进行综合时,提示错误信息"Range declaration does not match type definition.",表示指定的范围与数据类型不匹配。

6．LOOP 语句

LOOP 语句有两种书写格式。

（1）FOR 循环变量

　　［标号:］FOR 循环变量 IN 离散范围 LOOP
　　　　　　顺序处理语句;
　　　　　　END LOOP［标号］;

LOOP 语句循环变量的值在每次循环中都发生变化,而 IN 后跟的离散范围则表示循环变量在循环过程中依次取值的范围。

例如,用 VHDL 描述一个八位的奇偶校验电路,如果输入为奇数,输出 y 等于"1";如果输入为偶数,输出 y 等于"0"。

```
LIBRARY IEEE;
USE IEEE.STD_LOGIC_1164.ALL;
ENTITY parity_check IS
    PORT (a: IN STD_LOGIC_VECTOR (7 DOWNTO 0);
          y: OUT STD_LOGIC);
END parity_check;

ARCHITECTURE rtl OF parity_check IS
BEGIN
    PROCESS (a)
    VARIABLE tmp: STD_LOGIC;
    BEGIN
        tmp:='0';
        FOR i IN 0 TO 7 LOOP
            tmp:=tmp XOR a(i);
```

```
            END LOOP；
            y<=tmp；
        END PROCESS；
    END rtl；
```

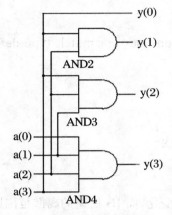

图1.26 逻辑电路原理图

tmp 是一个局部变量,只能在进程内部说明,如果该变量值要从进程内部输出就必须将它代入信号,信号是全局的,可以带出进程。

(2) WHILE 条件

格式为:

　　　　[标号：]WHILE 循环条件 LOOP
　　　　　　　顺序处理语句；
　　　　END LOOP [标号]；

WHILE 语句中的循环条件是布尔类型,其值为假时结束循环。

例如,描述如图1.26所示的逻辑电路原理图。

```
ENTITY example IS
    PORT (a: IN STD_LOGIC_VECTOR (3 DOWNTO 0);
          y: OUT STD_LOGIC_VECTOR (3 DOWNTO 0));
END example；

ARCHITECTURE Behavioral OF example IS
BEGIN
  PROCESS (a)
    VARIABLE b: STD_LOGIC;
    VARIABLE i: INTEGER；
  BEGIN
    i:=0；
    b:='1'；
    WHILE (i<=3) LOOP
      b:=a(3-i) AND b；
      y(i)<=b；
      i:=i + 1；
    END LOOP；
```

END PROCESS；
END Behavioral；

7. NULL 语句

NULL 语句类似汇编语言中的 NOP 语句,不会使任何信号发生变化。

例如,描述如图 1.27 所示的逻辑电路原理图,当输入信号 sel(2:0)全为 0 或全为 1 时,输出信号 q = not a,当输入信号 sel(2:0)为其他值时,输出信号 q = a。

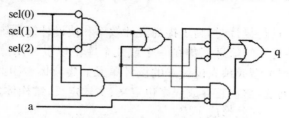

图 1.27 逻辑电路原理图

```
entity example is
    Port (sel: in STD_LOGIC_VECTOR (2 downto 0);
          a: in STD_LOGIC;
          q: out STD_LOGIC);
end example;

architecture Behavioral of example is

begin

process(sel, a)
begin
  q <= a;
  case sel is
    when "000" | "111" => q <= not a;
    when others => null;
  end case;
end process;

end Behavioral;
```

1.6 库、程序包

1. 库

使用 VHDL 进行设计时,为了提高设计效率和使设计遵循统一的语言标准或数据格式,将一些有用的信息汇集在一个或几个库中以供调用。这些信息可以是预先定义好的数据类型或预先设计好的设计单元的集合体。因此,库(Library)是经过编译后的数据的集合,它存放程序包定义、实体定义、结构体定义和配置定义。多个程序包结合在一起就形成了库。

VHDL 中有两个特殊的库:STD 和 WORK 库。这两个库是永远可见的,使用这两个库时,不需要任何说明。STD 库是 VHDL 的标准库,例如 STANDARD 程序包预定义了一些类型(例如,BIT 和 BIT_VECTOR 类型,但它仅能够表示逻辑状态"0"和"1",而不能够表示其他常见的状态,如未知和高阻态)、子类型和函数。WORK 库是现行作业库,用于存放用户设计和定义的一些设计单元和程序包,设计者所描述的 VHDL 语句不需要任何说明,都存在 WORK 库中。

库的说明总是放在设计单元的最前面。设计单元内的语句就可以使用库中的数据,共享已经编译过的设计结果。VHDL 语言中可以存放多个不同的库,但是,库与库之间是独立的,不能够互相嵌套。

最常用的资源库为 IEEE 库,它包含有 IEEE 标准的程序包,其中 STD_LOGIC_1164 是最重要和最常用的程序包,大部分基于数字系统的程序包都是以此程序包中所设定的标准为基础的。

一般使用程序包中的数据类型或子程序时,需要先声明程序包所在的库(LIBRARY 语句)和程序包的名称(USE 语句)。例如:

  LIBRARY IEEE;
  USE IEEE.STD_LOGIC_1164.ALL;

这两条语句表示打开 IEEE 标准库中 STD_LOGIC_1164 程序包的所有资源(ALL)。在 VHDL 语言程序中,要使用 STD_LOGIC_1164 程序包中的所有定义和说明。STD_LOGIC_1164 程序包提供了一些常用数据类型(例如,多值逻辑)的定义、逻辑运算("与""或""异或"等)和数据类型转换函数。

库的作用范围从一个实体说明开始到它所属的结构体和配置结束为止。当一个程序出现两个以上的实体时,每个实体都应该加上库的说明。

2. 程序包

程序包(Package)是设计中使用的子程序和公用数据类型集合。程序包是一个可以选择的设计单元,用于共享的定义(信号定义、常数定义、数据定义、元件语句定义、函数和过程定义等)。所有程序包中定义的数据类型、常量和子程序都可以在将来的设计中再利用,只要在 VHDL 代码中,用 USE 语句指定该程序即可。例如:

  USE IEEE.STD_LOGIC_1164.ALL;

程序包的结构:

  PACKAGE 程序包名 IS
   [说明语句];
  END 程序包名;
  PACKAGE BODY 程序包名 IS
   [说明语句];
  END BODY;

程序包可以包含函数、过程、类型、常量、属性和元件模板。一个程序包由两大部分组成:程序包说明(Package Declaration)和程序包体(Package Body)。程序包可以只有程序包说明,程序包体具体描述程序包说明的函数和过程。

例如:

```
    library IEEE;
    use IEEE.STD_LOGIC_1164.all;

    package PKG is                              --程序包说明
      function ADD (A,B,CIN: STD_LOGIC)
      return STD_LOGIC _VECTOR;
    end PKG;

    package body PKG is                         --程序包体
      function ADD (A,B,CIN: STD_LOGIC)         --描述一个一位全加器
                                                  的函数
      return STD_LOGIC _VECTOR is
      variable S,COUT: STD_LOGIC;
      variable RESULT: STD_LOGIC _VECTOR (1 downto 0);
```

```
    begin
        S := A xor B xor CIN;
        COUT := (A and B) or (A and CIN) or (B and CIN);
        RESULT := COUT & S;
        return RESULT;
    end ADD;
end PKG;
```
当需要使用上述程序包时,打开该程序包,例如,描述一个利用上述程序包的四位加法电路:

```
library IEEE;
use IEEE.STD_LOGIC_1164.ALL;
use IEEE.STD_LOGIC_ARITH.ALL;
use IEEE.STD_LOGIC_UNSIGNED.ALL;

use work.PKG.all;                           --打开程序包 PKG

entity pkg1 is
    port (A,B: in STD_LOGIC_VECTOR (3 downto 0);
          CIN: in STD_LOGIC;
          S: out STD_LOGIC_VECTOR (3 downto 0);
          COUT: out STD_LOGIC);
end pkg1;

architecture ARCHI of pkg1 is
signal S0,S1,S2,S3: STD_LOGIC_VECTOR (1 downto 0);
begin
    S0 <= ADD (A(0), B(0), CIN);
    S1 <= ADD (A(1), B(1), S0(1));
    S2 <= ADD (A(2), B(2), S1(1));
    S3 <= ADD (A(3), B(3), S2(1));
    S <= S3(0) & S2(0) & S1(0) & S0(0);
    COUT <= S3(1);
end ARCHI;
```

通过对 VHDL 基本结构和一些语句的介绍可以发现,采用不同的语句和不同程序结构都能够描述同一个逻辑电路或实现同一逻辑功能,最好采用简单和容易被综合工具准确综合的方式完成电路设计。

习 题 1

1. 与采用电路原理图输入的设计方法相比,采用 VHDL 输入的设计有什么优点?
2. 并发语句与顺序语句有什么区别?
3. 信号与变量有什么区别?
4. 用 VHDL 描述如图 1.28 所示的电路原理图。

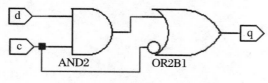

图 1.28

5. 用 VHDL 描述一位显示十六进制符号的七段译码器电路,输入信号 HEX 为二进制信号,信号 LED 为七段输出信号。
6. 用 VHDL 描述如图 1.29 所示的电路原理图。

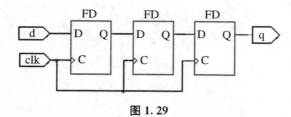

图 1.29

7. 阅读下面用 VHDL 语言描述的一个电路的程序,分析该程序,并且画出能够描述相同逻辑功能的逻辑电路原理图(图中的输入/输出信号名与程序中的输入/输出信号名相同)。

```
ENTITY complete IS
    PORT (en, b: IN BIT;
          q: OUT BIT);
END complete;
```

```
ARCHITECTURE arch OF complete IS
  BEGIN
    PROCESS (en, b)
    BEGIN
      IF en = '1' THEN
        q<= b;
      ELSE
        q<= '0';
      END IF;
    END PROCESS;
END arch;
```

第 2 章 基本逻辑单元电路的设计

2.1 组合电路的设计

当使用进程(Process)描述组合电路时,应该注意将组合电路的所有输入信号都列在敏感列表中。如果组合电路中的一个信号 A 没有列在敏感列表中,信号 A 变化时,不会引起输出发生变化,可能会引入锁存器。

1. 用 VHDL 语言描述一个如图 2.1 所示的三态门

下面是 VHDL 源程序:

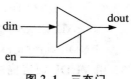

图 2.1 三态门

```
    LIBRARY IEEE;
    USE IEEE.STD_LOGIC_1164.ALL;
    ENTITY tri_gate IS
        PORT (din,en: IN STD_LOGIC;
              dout: OUT STD_LOGIC);
    END tri_gate;

    ARCHITECTURE example OF tri_gate IS
    BEGIN
      PROCESS (din,en)
        BEGIN
          IF en = '1' THEN
              dout <= din;
          ELSE
              dout <= 'Z';
```

　　　　END IF；
　　　END PROCESS；
　END example；

2. 用 VHDL 语言描述如图 2.2 所示的逻辑电路原理图

下面是 VHDL 源程序：
　ENTITY combine IS
　　PORT (a，b，c：IN BIT；
　　　　m：OUT BIT)；
　END combine；
　ARCHITECTURE example OF combine IS
　BEGIN
　　PROCESS (a，b，c)
　　BEGIN
　　　IF a = '1' THEN
　　　　m＜= b；
　　　ELSE
　　　　m＜= c；
　　　END IF；
　　END PROCESS；
　END example；

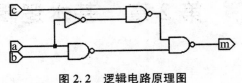

图 2.2　逻辑电路原理图

3. 用 VHDL 语言描述 3-8 译码器

用 VHDL 语言描述如图 2.3 所示的 3-8 译码器，输入信号为 in1，输出信号为 out1。当 in1 = "000"时，out〈0〉= '0'；当 in1 = "111"时，out〈7〉= '0'。

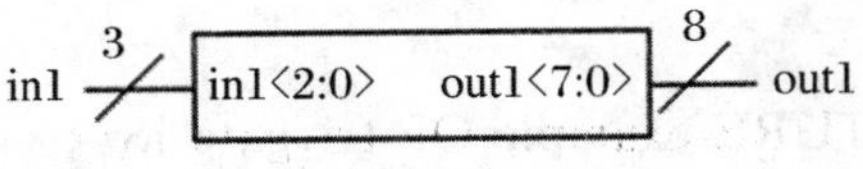

　　　　in1 —3— [in1〈2:0〉　out1〈7:0〉]—8— out1

图 2.3　3-8 译码器

下面是 VHDL 源程序：
　entity decoder38 is
　　port (in1：in std_logic_vector(2 downto 0)；
　　　　out1：out std_logic_vector(7 downto 0))；
　end decoder38；

```vhdl
architecture behavioral of decoder38 is
signal in1_int: integer range 0 to 7;
begin
    in1_int<=conv_integer(in1);    --将 std_logic_vector 类型转换为
                                     整数类型
    process(in1_int)
    begin
        out1<=(others=>'1');        --out1 等于"11111111"
        out1(in1_int)<='0';
    end process;
end behavioral;
```

用 VHDL 语言描述如图 2.4 所示的带有使能控制信号的 3-8 译码器,输入信号为 sel,输入使能控制信号为 en(高电平有效),输出信号为 y。当 en='1',sel="000"时,y〈0〉='0';当 en='1',sel="111"时,y〈7〉='0';当 en='0'时,y<="11111111"。

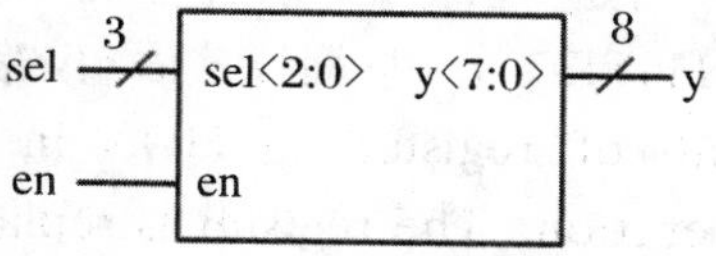

图 2.4　3-8 译码器

下面是 VHDL 源程序:

```vhdl
entity dec3to8 is port (
    sel: in std_logic_vector(2 downto 0);    -- 选择控制信号
    en: in std_logic;                         -- 使能控制信号
    y: out std_logic_vector(7 downto 0));    -- 输出信号
end dec3to8;

architecture behavioral of dec3to8 is
begin
process (sel,en)
begin
    y<="11111111";
    if (en='1') then
        case sel is
            when "000"=>y(0)<='0';
            when "001"=>y(1)<='0';
```

```
            when "010" = >y(2)< = '0';
            when "011" = >y(3)< = '0';
            when "100" = >y(4)< = '0';
            when "101" = >y(5)< = '0';
            when "110" = >y(6)< = '0';
            when "111" = >y(7)< = '0';
            when others = >null;
          end case;
        end if;
      end process;
    end behavioral;
```

上述程序中,应当注意不要忘记加上对输出缺省值的赋值语句 y< = "11111111",一旦漏掉该语句,综合工具对该程序进行综合时,会提示信息"Contents of register 〈y〈0〉〉 in unit 〈dec3to8〉 never changes during circuit operation. The register is replaced by logic.",将输出描述成锁存器的输出电路,而且输出是一个固定电平,而不是 3-8 译码器电路。因为描述 3-8 译码器电路,输入信号 en = 0 时,输出信号 y< = "11111111";而在上述程序中,如果忘记加上对输出缺省值的赋值语句 y< = "11111111",则输入选择信号 sel 和使能控制信号 en 发生变化时,就不会改变输出信号 y〈i〉= 0 的状态。

为了解决这种使用 if 语句描述组合电路时,却加入锁存器电路的现象,应该在 if 语句外不满足条件时,对输出赋予确定的值。

下面是另一种描述带有使能控制信号的 3-8 译码器的 VHDL 源程序:

```
    entity dec3to8_alt is
      port (sel: in std_logic_vector(2 downto 0);      --选择控制信号
            en: in std_logic;                           --使能控制信号
            y: out std_logic_vector(7 downto 0));
    end dec3to8_alt;

    architecture behavioral of dec3to8_alt is
    begin
      y(0)< = '0' when (en = '1' and sel = "000") else '1';   --条件信号
                                                                赋值

      y(1)< = '0' when (en = '1' and sel = "001") else '1';
```

y(2)<= '0' when (en = '1' and sel = "010") else '1';
y(3)<= '0' when (en = '1' and sel = "011") else '1';
y(4)<= '0' when (en = '1' and sel = "100") else '1';
y(5)<= '0' when (en = '1' and sel = "101") else '1';
y(6)<= '0' when (en = '1' and sel = "110") else '1';
y(7)<= '0' when (en = '1' and sel = "111") else '1';
end behavioral;

4. 用 VHDL 语言描述如图 2.5 所示的一个具有进位功能的四位二进制数加法器

两个加数是 a 和 b，输入进位位是 cin，计算结果求和是 sum，输出进位位是 cout。下面是 VHDL 源程序：

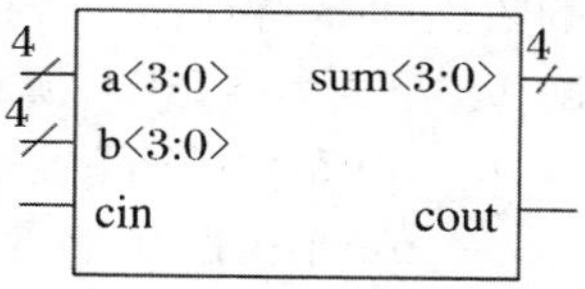

Library IEEE；
use IEEE.std_logic_1164.all；
entity adder4 is port（
   a，b：in std_logic_vector (3 downto 0)；
   cin：in std_logic；
   sum：out std_logic_vector(3 downto 0)；
   cout：out std_logic）；
end adder4；
architecture behavioral of adder4 is
signal c：std_logic_vector(4 downto 0)；
begin
process (a,b,cin,c)
begin
   c(0)<= cin；
   for i in 0 to 3 loop
     sum(i)<= a(i) xor b(i) xor c(i)；
     c(i+1)<= (a(i) and b(i)) or (c(i) and (a(i) or b(i)))；
   end loop；
   cout<= c(4)；
end process；
end behavioral；

图 2.5 加法器

5．用 VHDL 语言描述简单的算术逻辑运算单元

简单的算术逻辑运算单元如图 2.6 所示。输入的数据为 A〈7:0〉和 B〈7:0〉,输入控制信号为 alusel〈2:0〉,输出运算结果信号为 F〈7:0〉。

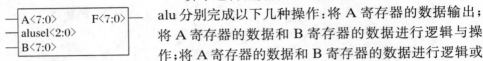

图 2.6 算术逻辑运算单元

算术逻辑运算单元的控制信号 alusel〈2:0〉控制 alu 分别完成以下几种操作：将 A 寄存器的数据输出；将 A 寄存器的数据和 B 寄存器的数据进行逻辑与操作；将 A 寄存器的数据和 B 寄存器的数据进行逻辑或操作；将 A 寄存器的数据进行逻辑非操作；将 A 寄存器的数据和 B 寄存器的数据进行加法运算；将 A 寄存器的数据和 B 寄存器的数据进行减法运算；A 寄存器的数据加 1；A 寄存器的数据减 1。下面是 VHDL 源程序：

```
library IEEE;
use IEEE.STD_LOGIC_1164.ALL;
use IEEE.STD_LOGIC_ARITH.ALL;
use IEEE.STD_LOGIC_UNSIGNED.ALL;

ENTITY alu IS PORT (
    alusel: IN std_logic_vector(2 DOWNTO 0);     -- 操作选择
    A,B: IN std_logic_vector(7 DOWNTO 0);
    F: OUT std_logic_vector(7 DOWNTO 0));
END alu;

ARCHITECTURE Behavioral OF alu IS
BEGIN
PROCESS(alusel,A,B)
BEGIN
  CASE ALUSel IS
      WHEN "000" =>  F<= A;              -- A 数据输出
      WHEN "001" =>  F<= A AND B;        -- 逻辑与操作
      WHEN "010" =>  F<= A OR B;         -- 逻辑或操作
      WHEN "011" =>  F<= NOT A;          -- 逻辑非操作
      WHEN "100" =>  F<= A + B;          -- 加法运算
      WHEN "101" =>  F<= A - B;          -- 减法运算
```

```
              WHEN "110" =>   F<= A + 1;           -- 加1
              WHEN others =>F<= A - 1;            -- 减1
            END CASE;
          END PROCESS;
        END Behavioral;
```

6. 无符号的四位二进制数乘法器

描述一个如图2.7所示的四位二进制数乘法器,被乘数和乘数均是四位二进制数,乘积为八位二进制数(product(7:0))。

两个四位二进制数数相乘的过程如图2.8所示,采用逐项移位相加的方法来实现相乘,最后的乘积结果需要通过移位和累加来完成。

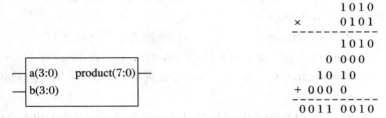

图2.7 四位二进制数乘法器　　　图2.8 两个四位二进制数相乘的过程

从乘数低位开始,依次与被乘数相乘,每相乘一次得到的积称为部分积,如果乘数为全1,将第一次(由乘数最低位与被乘数相乘)得到的部分积右移一位并与第二次得到的部分积相加,将相加得到的和右移一位再与第三次得到的部分积相加,再将相加的结果右移一位与第四次得到的部分积相加。如果乘数不全为1,根据乘数中的一位数b(i)是0还是1,确定是否执行相加运算。

下面是 VHDL 源程序:

```
library IEEE;
use IEEE.STD_LOGIC_1164.ALL;
use IEEE.STD_LOGIC_ARITH.ALL;

entity example is
  Port (a: in STD_LOGIC_VECTOR (3 downto 0);
        b: in STD_LOGIC_VECTOR (3 downto 0);
        product: out STD_LOGIC_VECTOR (7 downto 0));
end example;
```

```
architecture Behavioral of example is

begin
process(a, b)

    variable a_reg: std_logic_vector(4 downto 0);         --被乘数
    variable product_reg: std_logic_vector(8 downto 0);   --乘积

begin
    product_reg:= "000000000";   -- 重复累加移位算法
    for i in 0 to 3 loop
        if b(i) = '1' then               --判断是否进行加法运算
            product_reg(8 downto 4):= product_reg(8 downto 4) + a_reg
            (4 downto 0);                --考虑到加法溢出,采用五位数相加
        end if;
        product_reg(8 downto 0):= '0' & product_reg(8 downto 1);
                                         --右移位
    end loop;

    product<= product_reg(7 downto 0);

end process;

end Behavioral;
```

2.2 时序电路的设计

1. 锁存器

描述一个时钟信号为 clk,数据输入信号为 d,数据输出信号为 q 的锁存器,其

VHDL 源程序如下：

```
entity latch is
  port (d, clk: in bit;
        q: out bit);
end latch;

architecture behavioral of latch is
begin
  process(clk, d)
  begin
    if (clk = '1') then
      q <= d;
    end if;
  end process;
end behavioral;
```

时钟信号 clk 为高电平时，输出信号 q 随数据信号 d 变化而变化；时钟信号 clk 为低电平时，输出信号保持不变，电路处于锁存状态。仿真结果如图 2.9 所示。

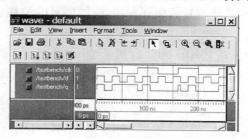

图 2.9　仿真波形图

2．上升沿触发的 D 型触发器

带有异步复位（Reset，高电平有效）、异步置位（Set，高电平有效）功能和上升沿触发的 D 型触发器，其 VHDL 源程序如下：

```
LIBRARY IEEE;
USE IEEE.STD_LOGIC_1164.ALL;

ENTITY dff IS
  PORT (d, clk, reset, set: IN std_logic;
```

```
            q：OUT std_logic）；
    END dff；


    ARCHITECTURE async_set_reset OF dff IS
    BEGIN
      setreset：PROCESS（clk，reset，set）
      BEGIN
        IF reset = '1' THEN
           q< = '0'；
        ELSIF set = '1' THEN
           q< = '1'；
        ELSIF rising_edge（clk）THEN
           q< = d；
        END IF；
      END PROCESS setreset；
    END async_set_reset；
```

设计上升沿触发的 D 型触发器时，应该避免采用门控时钟，因为综合成门控时钟的电路，容易产生时钟信号的偏移现象，时钟信号的偏移会引起数字逻辑系统不稳定。

例如，采用门控时钟的程序：

```
    library IEEE；
    use IEEE.STD_LOGIC_1164.ALL；

    entity example is
      Port（clk：in STD_LOGIC；
           ce：in STD_LOGIC；
           rst：in STD_LOGIC；
           a：in STD_LOGIC；
           b：in STD_LOGIC；
           d：in STD_LOGIC；
           q：out STD_LOGIC）；
    end example；
```

```
architecture Behavioral of example is
  signal gateclk:STD_LOGIC;
begin

  gateclk<=(a and b and clk);

  process(gateclk)
  begin
    if(gateclk'event and gateclk='1') then
      if ce='1' then
        q<=d;
      end if;
    end if;
  end process;

end Behavioral;
```
综合的结果如图 2.10 所示。

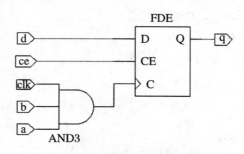

图 2.10 门控时钟电路原理图

做如下修改,采用时钟使能的形式,避免门控时钟产生时钟信号的偏移现象,程序如下:

```
library IEEE;
use IEEE.STD_LOGIC_1164.ALL;

entity example is
  Port (clk: in STD_LOGIC;
```

```
        ce: in STD_LOGIC;
        rst: in STD_LOGIC;
        a: in STD_LOGIC;
        b: in STD_LOGIC;
        d: in STD_LOGIC;
        q: out STD_LOGIC);
end example;

architecture Behavioral of example is
signal enable:STD_LOGIC;
begin

enable<= (a and b and ce);

process(clk)
begin
    if(clk'event and clk = '1') then
        if enable = '1' then
            q<= d;
        end if;
    end if;
end process;

end Behavioral;
```
综合的结果如图 2.11 所示。

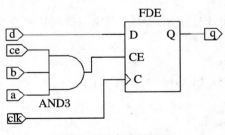

图 2.11 电路原理图

3. J_K 型触发器

带有复位(Clr,高电平有效)/置位(Set,高电平有效)功能和上升沿触发的 J_K 型触发器,其 VHDL 源程序如下:

```vhdl
LIBRARY IEEE;
USE IEEE.STD_LOGIC_1164.ALL;

entity example is
Port (clk, rst, set, j, k: in STD_LOGIC;
      q: out STD_LOGIC);
end example;

architecture Behavioral of example is
signal q_tmp:STD_LOGIC;
begin

process(rst, set, clk)
begin
  if rst = '1' then
     q_tmp<='0';
  elsif set = '1' then
     q_tmp<='1';
  elsif rising_edge (clk) then
     q_tmp<=(j and not q_tmp) or (not k and q_tmp);
  end if;
end process;
  q<=q_tmp;
end Behavioral;
```

4. 计数器

用 VHDL 描述一个具有清零和计数允许功能的十进制计数器,其中计数输入信号为 clk,清零控制信号为 clr(低电平有效),计数允许控制信号为 en(高电平有效)。

虽然下面的两个程序都能实现十进制计数器,但信号的反馈路径不同。程序1的反馈信号来自于寄存器的输出;而程序2的反馈信号则来自于芯片管脚上的信号。因此,该计数器的输出,应该定义成 inout。

程序1：
```vhdl
library ieee;
use ieee.std_logic_1164.all;
entity counter0 is
    port(clk,clr,en: in std_logic;
         count: out integer range 0 to 15);
end;
architecture counter0_arch of counter0 is
begin
    process(clk,clr)
    variable count1: integer range 0 to 15;
    begin
        if(clr = '0') then
            count1: = 0;
        elsif rising_edge(clk) then
            if(en = '1') then
                if count1 = 9 then
                    count1: = 0;
                else
                    count1: = count1 + 1;
                end if;
            end if;
        end if;
        count< = count1;
    end process;
end counter0_arch;
```

程序2：
```vhdl
library ieee;
use ieee.std_logic_1164.all;
entity counter1 is
    port(clk,clr,en: in std_logic;
         count: inout integer range 0 to 15);
end;
```

```
architecture counter1_arch of counter1 is
begin
  process(clk,clr)
  begin
    if(clr = '0') then
      count<= 0;
    elsif rising_edge(clk) then
      if(en = '1') then
        if count = 9 then
          count<= 0;
        else
          count<= count + 1;
        end if;
      end if;
    end if;
  end process;
end counter1_arch;
```

5. 分频器

在许多数字系统设计中,都需要对很高的频率进行分频,将很高的频率降低到需要的比较低的频率。例如,对一个信号 x 进行 6 分频,分频输出信号是 y,该分频器的设计如下:

```
library IEEE;
use IEEE.STD_LOGIC_1164.ALL;
use IEEE.STD_LOGIC_ARITH.ALL;

entity example is
  Port (x: in STD_LOGIC;
        rst: in STD_LOGIC;
        y: out STD_LOGIC);
end example;

architecture Behavioral of example is
  --设置分频常数 N,因为 6 分频,每经过 3 个输入脉冲,分频输出信号
```

要翻转 1 次,所以将 N 定为 2,因为是从 0 开始计数的
constant N: integer:=2;
signal cnt: integer range 0 to N;
signal y_tmp:STD_LOGIC:='0';

begin

process(x, rst)
begin
　if (rst='1') then
　　cnt<=0;
　elsif rising_edge (x) then
　　if (cnt=N-1) then
　　　cnt<=0;
　　　y_tmp<= not y_tmp;
　　else
　　　cnt<=cnt+1;
　　end if;
　end if;
end process;

y<=y_tmp;
end Behavioral;
该分频器的仿真波形如图 2.12 所示。

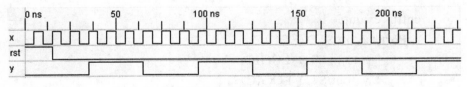

图 2.12　分频器的仿真波形

当分频系数为偶数时,上述分频器能够输出占空比为 1∶1 的脉冲波形。当分频系数为奇数时,也能够实现奇数分频。如果分频系数为 3 时,该 3 分频器的设计如下:
　　library IEEE;

```
use IEEE.STD_LOGIC_1164.ALL;
use IEEE.STD_LOGIC_ARITH.ALL;

entity example is
  Port (x: in STD_LOGIC;
        rst: in STD_LOGIC;
        y: out STD_LOGIC);
end example;

architecture Behavioral of example is
    --设置分频常数 N,因为每经过 3 个输入脉冲,分频输出信号要翻转
    2次,所以将计数器的值 N 定为 2,计数器的值在 0 和 2 之间变化
constant N: integer: = 2;
signal cnt: integer range 0 to N;
signal y_tmp:STD_LOGIC: = '0';

begin

process(x, rst)
begin
  if (rst = '1') then
    cnt< = 0;
  elsif rising_edge (x) then
    if (cnt = N) then
      cnt< = 0;
    else
      cnt< = cnt + 1;
    end if;
        --小于分频系数的二分之一时,计数器分频输出为'0'
    if(cnt<(N/2)) then
      y_tmp< = '0';
    else
        --大于分频系数的二分之一时,计数器分频输出为'1'
```

　　　　　　y_tmp<='1';
　　　　　end if;
　　　　end if;
　　　end process;

　　　y<=y_tmp;
　　end Behavioral;
该分频器的仿真波形如图2.13所示。

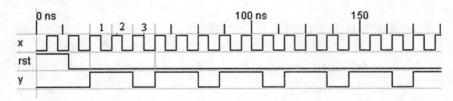

图 2.13　分频器的仿真波形

由于分频系数为奇数,改变分频输出条件不能平均分配,所以分频器的输出信号的占空比不是1:1。

6. 具有预置数、同步复位、左移和右移功能8位移位寄存器

输入时钟信号为clk,复位控制信号为reset,控制左移、右移和预置数输入信号为mode,8位输入数据信号为data,左移输入数据信号为shift_left,右移输入数据信号为shift_right,8位输出数据信号为qout。当mode=01时,实现右移移位功能;当mode=10时,实现左移移位功能;当mode=11时,实现将8位输入数据信号输入到8位移位寄存器。下面是VHDL源程序:

```
library ieee;
use ieee.std_logic_1164.all;

entity shifter is
  port (data: in std_logic_vector (7 downto 0);
        shift_left, shift_right, clk, reset: in std_logic;
        mode: in std_logic_vector (1 downto 0);
        qout: inout std_logic_vector (7 downto 0));
end shifter;
architecture behavioral of shifter is
```

```
    signal enable：std_logic；
  begin
    process(clk)
    begin
      if(clk' = event and clk = '1')
      if (reset = '1') then
        qout< = "00000000";
      else
        case mode is
          when "01" =>
            qout< = shift_right & qout(7 downto 1);      --右移
          when "10" =>
            qout< = qout(6 downto 0) & shift_left;       -- 左移
          when "11" =>
            qout< = data；                                -- 预置数
          when others =>null；                            --null 意味着空操作
        end case；
      end if；
    end if；
  end process；
end behavioral；
```

7. 存储器

用 VHDL 描述容量为 16×4 的只读存储器，在只读存储器按顺序存放了 "0000"～"1111"的连续二进制数据，输入信号为 4-bit 地址信号，输出信号为 4-bit 数据信号。下面是 VHDL 源程序：

```
library IEEE；
use IEEE.std_logic_1164.all；
entity rom_rtl is
  port （ADDR：in INTEGER range 0 to 15；
         DATA：out STD_LOGIC_VECTOR （3 downto 0））；
end rom_rtl；

architecture rom_arch of rom_rtl is
```

```
       subtype ROM_WORD is STD_LOGIC_VECTOR (3 downto 0);
       type ROM_TABLE is array (0 to 15) of ROM_WORD;
       constant ROM: ROM_TABLE: = ROM_TABLE'(
       ROM_WORD'("0000"),
       ROM_WORD'("0001"),
       ROM_WORD'("0010"),
       ROM_WORD'("0100"),
       ROM_WORD'("1000"),
       ROM_WORD'("1100"),
       ROM_WORD'("1010"),
       ROM_WORD'("1001"),
       ROM_WORD'("1001"),
       ROM_WORD'("1010"),
       ROM_WORD'("1100"),
       ROM_WORD'("1001"),
       ROM_WORD'("1001"),
       ROM_WORD'("1101"),
       ROM_WORD'("1011"),
       ROM_WORD'("1111"));
    begin
       DATA< = ROM(ADDR);        -- 从只读存储器中读数据
    end rom_arch;
```

8. 随机存储器

采用 VHDL 语言设计一个双端口随机存储器,容量为 8×16 位的双端口 RAM 的框图如图 2.14 所示,将存储器的地址总线分为写数据地址总线和读数据地址总线,这样可以同时选择不同地址总线进行写数据和读数据操作。

双端口 RAM 有八条数据输入线 Data(7:0) 和输出线 Q(7:0),读写控制信号 WE(WE=1 时,写操作)和 RE(RE=1 时,读操作),时钟信号 clk,读数据地址信号 RAddress(3:0)和写数据地址信号 WAddress(3:0)。

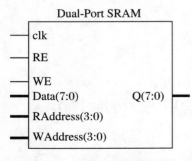

图 2.14 数据缓冲器的框图

```vhdl
library IEEE;
use IEEE.STD_LOGIC_1164.ALL;

entity example is
generic (width: integer: = 8;
              depth: integer: = 16;
              addr: integer: = 4);
    port (clk: in std_logic;
          WE: in std_logic;
          RE: in std_logic;
          Data: in std_logic_vector (width - 1 downto 0);
          Q: out std_logic_vector (width - 1 downto 0);
          WAddress: in std_logic_vector (addr - 1 downto 0);
          RAddress: in std_logic_vector (addr - 1 downto 0));
end example;

architecture Behavioral of example is

type MEM is array (0 to depth - 1) of std_logic_vector (width - 1 downto 0);
signal ramTmp: MEM;

begin
-- 写数据
process (clk)
begin
   if rising_edge (clk) then
     if (WE = '1') then
        ramTmp (conv_integer (WAddress)) < = Data;
      end if;
    end if;
end process;
-- 读数据
```

```
    process（clk）
    begin
      if rising_edge（clk）then
        if（RE='1'）then
          Q<= ramTmp(conv_integer（RAddress));
        end if；
      end if；
    end process；

end Behavioral；
```

9．FIFO 存储器

采用 VHDL 语言设计一个先进先出（FIFO，first in first out）的存储器。容量为 8×8 位的 FIFO 的框图如图 2.15 所示。

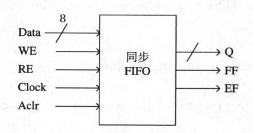

图 2.15 数据缓冲器的框图

它有八条数据输入线和输出线，读写控制信号 WE（WE=1 时，写操作）和 RE（RE=1 时，读操作），复位信号 Aclr（Aclr=0 时，FIFO 复位），时钟信号 Clock（上升沿有效），满状态标志信号 FF（FF=1 时，表示 FIFO 处于数据已经满的状态）和空状态标志信号 EF（EF=0 时，表示 FIFO 处于数据已经读空的状态）。

引入内部信号 Wp(写数据指针)，Rp(读数据指针)，数据存储 ramTmp。

如果复位信号有效 Aclr=1，写数据指针 Wp=0，读数据指针 Rp=7。

FIFO 有以下几种工作状态：

初始状态。FIFO 的初始状态如图 2.16(a)所示。此时，写数据指针 Wp=0，读数据指针 Rp=0，输出数据空状态标志信号 EF=0。

再读一个数据就为数据空状态。此时的 FIFO 的状态如图 2.16(b)所示，读数据指针 Rp=Wp-1，再读一个数据输出数据空状态标志信号 EF=0。

再读一个数据就为数据空状态。此时的 FIFO 的状态如图 2.16(c)所示。读数据指针 Rp = depth - 1,其中 depth 为存储器容量,写数据指针 Wp = 0,再读一个数据输出数据空状态标志信号 EF = 0。

再写一个数据就为数据满状态。此时的 FIFO 的状态如图 2.16(d)所示。写数据指针 Wp = depth - 1,读数据指针 Rp = 0,再写一个数据输出数据满状态标志信号 FF = 1。

再写一个数据就为满状态。此时的 FIFO 的状态如图 2.16(e)所示。读数据指针 Wp = Rp - 1,再写一个数据输出数据满状态标志信号 FF = 1。

数据既不空也不满状态。此时的 FIFO 的状态如图 2.16(f)所示,数据满状态标志信号 FF = 0,数据空状态标志信号 EF = 1。

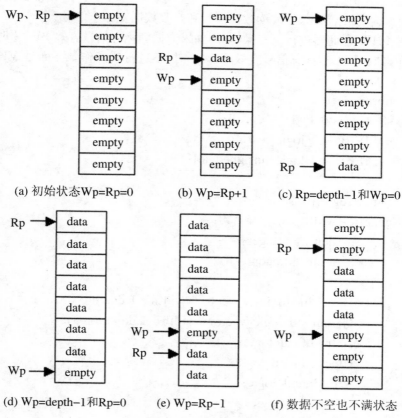

图 2.16　FIFO 的几种工作状态

用 VHDL 描述容量为 8×8 位的 FIFO 数据缓冲器。

如果复位信号有效 Aclr=1,Wp=0,Rp=0,输出数据空信号。

FIFO 写数据时,在时钟上升沿的作用下,如果数据满信号无效 FF=0 时,输入数据 data 写入 FIFO,即 data->ramTmp(Wp)。如果写数据指针 Wp=7 时,Wp=0,否则 Wp=Wp+1。判断是否输出数据写满信号。

FIFO 读数据时,在时钟上升沿的作用下,如果数据空信号无效 EF=1 时,执行 ramTmp(Rp)->Q。读数据指针 Rp=7 时,Rp=0,否则 Rp=Rp+1。判断是否输出数据空信号。

综上所述,当复位信号 Aclr 发生变化时,修改读写数据指针,并且输出数据空有效信号;当产生时钟 Clock 上升沿和写数据控制信号 WE 有效时,写入数据、修改写数据指针和修改数据满标志信号;当产生时钟 Clock 上升沿和读数据控制信号 RE 有效时,读出数据、修改读数据指针和修改数据空标志信号。

当对 FIFO 存储器进行读写操作时,如果数据满标志信号有效 FF=1 时,不进行写操作;如果数据空标志信号有效 EF=0 时,不进行读操作。下面是 VHDL 源程序:

```vhdl
library ieee;
use ieee.std_logic_1164.all;
use IEEE.std_logic_arith.all;
use IEEE.std_logic_unsigned.all;

entity reg_fifo is
generic(width: integer:=8;
        depth: integer:=8;
        addr: integer:=3);

port(Data: in std_logic_vector(width-1 downto 0);
     Q: out std_logic_vector(width-1 downto 0);
     Aclr: in std_logic;
     Clock: in std_logic;
     WE: in std_logic;
     RE: in std_logic;
     FF: out std_logic;
     EF: out std_logic);
```

```vhdl
end reg_fifo;

architecture behavioral of reg_fifo is
type MEM is array(0 to depth - 1) of std_logic_vector(width - 1 downto 0);
    signal ramTmp: MEM;
    signal Wp: integer range 0 TO depth - 1;
    signal Rp: integer range 0 TO depth - 1;
begin

--写数据
WRITE_POINTER: process (Aclr, Clock)
begin
    if (Aclr = '0') then
        Wp <= 0;
    elsif (Clock'event and Clock = '1') then
        if (WE = '1') then
            if (Wp = (depth - 1)) then
                Wp <= 0;
            else
                Wp <= Wp + 1;
            end if;
        end if;
    end if;
end process;
WRITE_RAM: process (Clock)
begin
    if (Clock'event and Clock = '1') then
        if (WE = '1') then
            ramTmp (Wp) <= Data;
        end if;
    end if;
end process;
```

-- 读数据
```vhdl
READ_POINTER: process (Aclr, Clock)
begin
   if (Aclr = '0') then
      Rp <= 0;
   elsif (Clock'event and Clock = '1') then
      if (RE = '1') then
         if (Rp = (depth - 1)) then
            Rp <= 0;
         else
            Rp <= Rp + 1;
         end if;
      end if;
   end if;
end process;


READ_RAM: process (Clock)
begin
   if (Clock'event and Clock = '1') then
      if (RE = '1') then
         Q <= ramTmp (Rp);
      end if;
   end if;
end process;
```

--输出数据已经写满标志信号: FF 为高电平时, 表示数据已经写满
```vhdl
FFLAG: process (Aclr, Clock)
begin
   if (Aclr = '0') then
      FF <= '0';
   elsif (Clock'event and Clock = '1') then
      if (WE = '1' and RE = '0') then
```

```
    if ((Wp = Rp - 1) or
      ((Wp = depth - 1) and (Rp = 0))) then
        FF<= '1';
      end if;
    else
      FF<= '0';
    end if;
  end if;
end process;


-- 输出数据已经读空标志信号：EF 为低电平时,表示数据已经读空
EFLAG: process (Aclr, Clock)
begin
  if (Aclr = '0') then
    EF<= '0';
  elsif (Clock'event and Clock = '1') then
    if (RE = '1' and WE = '0') then
      if ((Wp = Rp + 1) or
        ((Rp = depth - 1) and (Wp = 0))) then
          EF<= '0';
      end if;
    else
      EF<= '1';
    end if;
  end if;
end process;
end behavioral;
```

FIFO 设计的仿真结果如图 2.17 所示,其中 clock 是输入时钟信号,在执行写数据时,按先后顺序分别写入数据"00000000"和"00001111";执行读数据操作时,首先读出的是先写入的数据"00000000",然后读出的是后写入的数据"00001111"。

10. 有限状态机

有限状态机(FSM)是一种典型的时序电路,有两种类型,分别是 Moore 类型和 Mealy 类型,Moore 类型状态机的输出仅由当前状态决定;而 Mealy 类型状态

机的输出由当前状态和输入信号决定。有限状态机由三个部分组成：

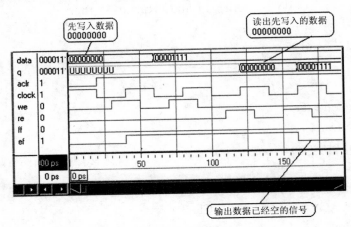

图 2.17 仿真波形

- 当前状态寄存器电路，为时序电路，由时钟信号和次态逻辑电路控制状态的变化。
- 次态逻辑电路，为组合电路，次态由输入信号和当前状态决定。
- 输出逻辑电路。对于 Moore 类型状态机，输出仅由当前状态决定；对于 Mealy 类型状态机，输出分别由当前状态和输入信号决定。

(1) 用 VHDL 描述一个 Mealy 类型状态机

Mealy 类型状态机的基本逻辑电路框图如图 2.18 所示。

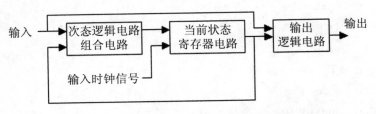

图 2.18 Mealy 类型状态机的基本逻辑电路框图

用 VHDL 描述一个如图 2.19 所示的 Mealy 类型状态机的状态转换图。输入信号为 data_in⟨1:0⟩、时钟输入信号为 clock、复位控制信号为 reset（低电平有效）、输出信号为 data_out。状态机有五个状态，复位控制信号为 reset 有效时，状态机的状态为 st0 状态。

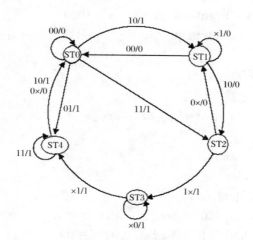

图 2.19 状态转换图

下面是 VHDL 源程序：
```
library ieee;
use ieee.std_logic_1164.all;

entity mealy is
port (clock, reset: in std_logic;
      data_out: out std_logic;
      data_in: in std_logic_vector (1 downto 0));
end mealy;

architecture behavioral of mealy is
type state_values is (st0, st1, st2, st3, st4);      --采用枚举语句定义五
                                                       个状态

signal pres_state, next_state: state_values;         --定义现态和次态
begin
--当前状态寄存器电路
statereg: process (clock, reset)
begin
  if (reset = '0') then
    pres_state <= st0;
```

```vhdl
    elsif (clock'event and clock = '1') then
      pres_state<=next_state;        --时钟的上升沿引起状态的变化
    end if;
  end process statereg;
--次态逻辑电路
fsm: process (pres_state, data_in)
begin
  case pres_state is
    when st0 =>
      case data_in is
        when "00" =>next_state<=st0;
        when "01" =>next_state<=st4;
        when "10" =>next_state<=st1;
        when "11" =>next_state<=st2;
        when others =>null;
      end case;
    when st1 =>
      case data_in is
        when "00" =>next_state<=st0;
        when "10" =>next_state<=st2;
        when others =>next_state<=st1;
      end case;
    when st2 =>
      case data_in is
        when "00" =>next_state<=st1;
        when "01" =>next_state<=st1;
        when "10" =>next_state<=st3;
        when "11" =>next_state<=st3;
        when others =>null;
      end case;
    when st3 =>
      case data_in is
        when "01" =>next_state<=st4;
```

```vhdl
          when "11"=>next_state<=st4;
          when others=>next_state<=st3;
        end case;
      when st4=>
        case data_in is
          when "11"=>next_state<=st4;
          when others=>next_state<=st0;
        end case;
      when others=>next_state<=st0;
    end case;
end process fsm;
-- Mealy 型状态机输出由当前状态 pres_state 和输入信号 data_in 决定
outputs: process (pres_state, data_in)
begin
  case pres_state is
    when st0=>
      case data_in is
        when "00"=>data_out<='0';
        when others=>data_out<='1';
      end case;
    when st1=>data_out<='0';
    when st2=>
      case data_in is
        when "00"=>data_out<='0';
        when "01"=>data_out<='0';
        when others=>data_out<='1';
      end case;
    when st3=>data_out<='1';
    when st4=>
      case data_in is
        when "10"=>data_out<='1';
        when "11"=>data_out<='1';
        when others=>data_out<='0';
```

```
            end case;
        when others =>data_out<='0';
    end case;
end process outputs;
end behavioral;
```

(2) 用 VHDL 描述一个 Moore 类型状态机

Moore 类型状态机的基本逻辑电路框图如图 2.20 所示。

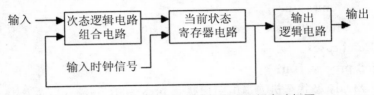

图 2.20 Moore 类型状态机的基本逻辑电路框图

下面是 VHDL 源程序：

```
library ieee;
use ieee.std_logic_1164.all;

entity moore is
port (clock, reset: in std_logic;
      data_out: out std_logic;
      data_in: in std_logic_vector (1 downto 0));
end moore;

architecture behavioral of moore is
type state_values is (st0, st1, st2, st3, st4);    --采用枚举语句定义
                                                    五个状态
signal pres_state, next_state: state_values;       --定义现态和次态
begin
--当前状态寄存器电路
statereg: process (clock, reset)
begin
    if (reset='0') then
        pres_state<=st0;
```

```vhdl
    elsif (clock = '1' and clock'event) then
      pres_state <= next_state;    --时钟的上升沿引起状态的变化
    end if;
end process statereg;
--次态逻辑电路
fsm: process (pres_state, data_in)
begin
  case pres_state is
    when st0 =>
      case data_in is
        when "00" => next_state <= st0;
        when "01" => next_state <= st4;
        when "10" => next_state <= st1;
        when "11" => next_state <= st2;
        when others => null;
      end case;
    when st1 =>
      case data_in is
        when "00" => next_state <= st0;
        when "10" => next_state <= st2;
        when others => next_state <= st1;
      end case;
    when st2 =>
      case data_in is
        when "00" => next_state <= st1;
        when "01" => next_state <= st1;
        when "10" => next_state <= st3;
        when "11" => next_state <= st3;
        when others => null;
      end case;
    when st3 =>
      case data_in is
        when "01" => next_state <= st4;
```

```
            when "11" => next_state <= st4;
            when others => next_state <= st3;
         end case;
      when st4 =>
         case data_in is
            when "11" => next_state <= st4;
            when others => next_state <= st0;
         end case;
      when others => next_state <= st0;
   end case;
end process fsm;
--Moore型状态机输出仅由当前状态pres_state决定
outputs: process (pres_state)
begin
   case pres_state is
      when st0 => data_out <= '1';
      when st1 => data_out <= '0';
      when st2 => data_out <= '1';
      when st3 => data_out <= '0';
      when st4 => data_out <= '1';
      when others => data_out <= '0';
   end case;
end process outputs;
end behavioral;
```

11. 简单 FIR 滤波器

在设计数据采集和处理系统时,经常需要对输入信号进行预处理,使输入信号先经过一个低通滤波器,消除输入信号中的高频噪声信号。例如,有限冲击响应(FIR,Finite Impulse Response)滤波器的结构如图 2.21 所示,其中输入信号为 $x(n)$,输出信号为 $y(n)$,C_i 为滤波器的系数。

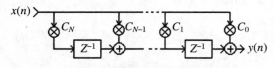

图 2.21 有限冲击响应滤波器的结构

根据 FIR 滤波器的结构,FIR

滤波器的差分方程为

$$y(n) = \sum_{i=0}^{N} C_i x(n-i)$$

滤波器的传递函数为

$$H(z) = \sum_{i=0}^{N} C_i z^{-i}$$

输入信号为 $x(n)$,采样频率为 8 kHz,经过一个低通滤波器后的输出信号 $y(n)$ 为

$$\begin{aligned} y(n) &= \frac{1}{16} \times x(n) + \frac{3}{16} \times x(n-1) + \frac{8}{16} \times x(n-2) \\ &\quad + \frac{3}{16} \times x(n-3) + \frac{1}{16} \times x(n-4) \\ &= \frac{1}{16} \times [x(n) + 3 \times x(n-1) \\ &\quad + 8 \times x(n-2) + 3 \times x(n-3) + x(n-4)] \end{aligned}$$

低通滤波器的频率响应如图 2.22 所示。

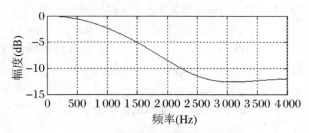

图 2.22 低通滤波器的频率响应

用硬件实现该低通滤波器的原理框图如图 2.23 所示。

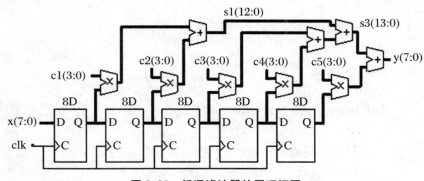

图 2.23 低通滤波器的原理框图

下面是 VHDL 源程序:
```vhdl
library IEEE;
use IEEE.STD_LOGIC_1164.ALL;
use IEEE.STD_LOGIC_ARITH.ALL;
use IEEE.STD_LOGIC_UNSIGNED.ALL;

entity fir is
generic (data_size: integer: = 8);
    Port (x: in std_logic_vector(data_size - 1 downto 0);
          y: out std_logic_vector(data_size - 1 downto 0);
          clk: in std_logic);
end fir;

architecture Behavioral of fir is
signal d1,d2,d3,d4,d5: std_logic_vector(data_size - 1 downto 0);
signal c1,c2,c3,c4,c5: std_logic_vector(3 downto 0);
signal m1,m2,m3,m4,m5: std_logic_vector(11 downto 0);
signal s1,s2: std_logic_vector(12 downto 0);
signal s3: std_logic_vector(13 downto 0);
signal s4: std_logic_vector(14 downto 0);
begin
    c1<= "0001";                         --滤波器系数
    c2<= "0011";
    c3<= "1000";
    c4<= "0011";
    c5<= "0001";
    process(clk)
    begin
        if rising_edge (clk) then
            d5<= d4;
            d4<= d3;
            d3<= d2;
            d2<= d1;
```

```
        d1<= x;
     end if;
 end process;

 process(d1,d2,d3,d4,d5)
 begin
    m1<= c1 * d1;              --系数与序列信号相乘
    m2<= c2 * d2;
    m3<= c3 * d3;
    m4<= c4 * d4;
    m5<= c5 * d5;
 end process;

 s1<= ('0' & m1) + ('0' & m2);   --求和
 s2<= ('0' & m3) + ('0' & m4);
 s3<= ('0' & s1) + ('0' & s2);
 s4<= ('0' & s3) + ("000" & m5);

 y<= s4(11 downto 4);           --除以 16
```

end Behavioral;

当输入信号 x 分别以连续的最大值 255 和 0 交替出现时,输出信号 y 的仿真波形如图 2.24 所示。

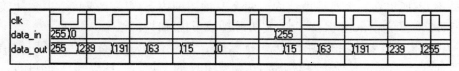

图 2.24 仿真波形

12. 简单时域滤波器

许多输入脉冲信号的波形如图 2.25 所示,输入脉冲信号中包含有尖脉冲和干扰脉冲信号,有时需要对这些输入脉冲信号进行整形,使用时域滤波电路消除这些脉冲宽度很窄的干扰脉冲信号,经过时域滤波电路后的输出信号为 xout(如图 2.26 所示)。

设含有需要滤除的尖脉冲或干扰脉冲的输入脉冲信号为 phx,输入脉冲信号

phx 在同步时钟信号 clk 的控制下，分别通过 3 个移位寄存器。假设在第 n 个时钟的输入信号 phx 为 phx(n)，在前 3 个时钟的输入信号分别为 phx($n-1$)，phx($n-2$)和 phx($n-3$)，则 J-K 型触发器的激励方程为

$$J = \text{phx}(n-1)\text{phx}(n-2)\text{phx}(n-3)$$
$$K = \overline{\text{phx}(n-1) + \text{phx}(n-2) + \text{phx}(n-3)}$$

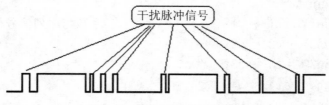

图 2.25 输入脉冲信号的波形

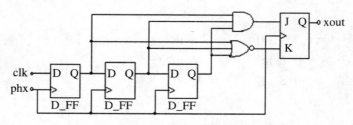

图 2.26 时域滤波电路原理图

根据 J-K 型触发器的状态方程，$Q^{n+1} = J\overline{Q^n} + \overline{K}Q^n$。当 phx($n-1$)，phx($n-2$)和phx($n-3$)均为 1 时，$J=1$ 和 $K=0$，则 $Q^{n+1}=1$；当 phx($n-1$)，phx($n-2$)和phx($n-3$)均为 0 时，$J=0$ 和 $K=1$，则 $Q^{n+1}=0$；当 phx($n-1$)，phx($n-2$)和phx($n-3$)取其他值时，$J=0$ 和 $K=0$，则 $Q^{n+1}=Q^n$，输出信号 xout 保持不变，所以在一个时钟周期内或两个时钟周期内出现一个或几个尖脉冲或干扰脉冲，输出信号 xout 保持不变，将尖脉冲或干扰脉冲滤除。

可以根据需要滤除的尖脉冲或干扰脉冲信号的脉冲宽度，选取合适的时钟信号频率，或选择合适的移位寄存器个数，达到滤除的尖脉冲或干扰脉冲信号的目的。

下面是 VHDL 源程序：

```
library IEEE;
use IEEE.STD_LOGIC_1164.ALL;
use IEEE.STD_LOGIC_ARITH.ALL;
use IEEE.STD_LOGIC_UNSIGNED.ALL;
```

```vhdl
entity filtjk is
   Port (clk, phx: in std_logic;
         xout: out std_logic);
end filtjk;

architecture Behavioral of filtjk is

signal xa, xb, xc, xj, xk: std_logic;
signal xouttmp: std_logic;

begin
p1: process(clk,phx)
begin
   if rising_edge (clk) then
      xa<= phx;
      xb<= xa;
      xc<= xb;
   end if;
end process p1;

p2: process(xa,xb,xc)
begin
   xj<= xa and xb and xc;
   xk<= not (xa or xb or xc);
end process p2;

p3: process(clk,xj,xk,xouttmp)
begin
   if rising_edge (clk) then
      if (xj='0') and (xk='1') then
         xouttmp<= '0';
      elsif (xj='1') and (xk='0') then
         xouttmp<= '1';
```

```
        elsif (xj = '1') and (xk = '1') then
            xouttmp <= not xouttmp;
        end if;
    end if;
    xout <= xouttmp;
end process p3；
```

end Behavioral；

输出信号 xout 的仿真波形如图 2.27 所示。

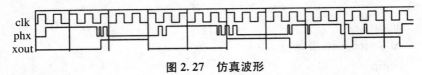

图 2.27 仿真波形

13．流水线

由于采用 FPGA 具有大量的寄存器资源，能够实现需要对数据进行计算和处理的算法，而这些算法依靠硬件来实现，计算和处理速度得到比较大的提高，可以广泛应用于需要实时处理的电子系统中。

采用流水线技术能够进一步提高数据的运算速度，将数据处理的通路分成几段，在这些段中加入流水线寄存器，对于仅做一次数据运算来说，采用流水线技术并不能够提高数据的处理速度，相反却需要占用更多的硬件资源，但是处理一批数据时，采用流水线技术，数据的处理速度就会提高。

例如，一个由 8 个 1 位全加器级联而成的 8 位加法器，如图 2.28 所示，其中 CI

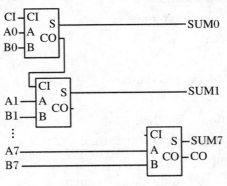

图 2.28 8 位加法器

和 CO 分别为输入进位位和输出进位位。

基于这种级联结构的加法器,完成一次加法运算的延迟时间随着输入加法位数的增长而增加。假设每个加法器的输入到完成输出求和结果之间的延迟为 10 ns,8 位加法器完成一次加法就需要 80 ns。

如果采用流水线结构,在由 8 个 1 位全加器级联而成的 8 位加法器中加入寄存器,其结构如图 2.29 所示,其中两位加数分别为 A 和 B,加法器输出结果为 SUM,4R,3R,2R 分别表示使用了 4 个寄存器、3 个寄存器和 2 个寄存器。

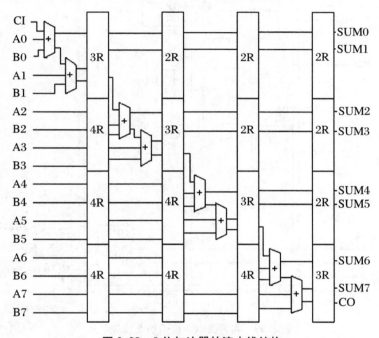

图 2.29　8 位加法器的流水线结构

具体电路原理图如图 2.30 所示。

例如,有一批数据需要做加法运算,设每个时钟的周期为 20 ns,开始运算到 4 个时钟后,每经过 1 个时钟就会输出 1 个加法结果。例如,77H + B8H = 2FH,12H + 8EH = A0H,如图 2.31 所示。

用 VHDL 语言描述加入流水线结构的 16 位加法器,其结构如图 2.32 所示,其中,16R,8R,1R 分别表示使用了 16 个寄存器、8 个寄存器和 1 个寄存器。a 和 b 是 2 个加数,c_in 和 c_out 分别是输入进位位和输出进位位,sum 是和。

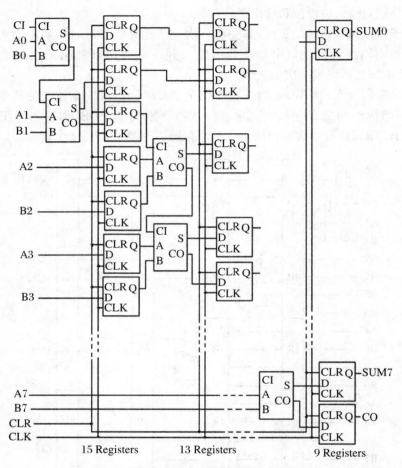

图 2.30 具有流水线结构的 8 位加法器

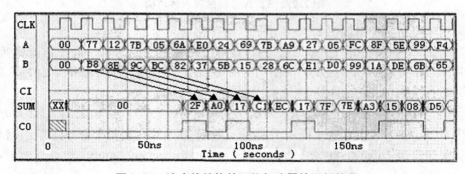

图 2.31 流水线结构的 8 位加法器的运行结果

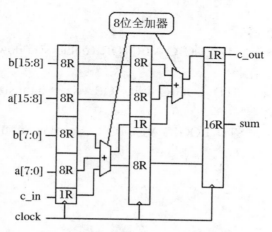

图 2.32 流水线型 16 位加法器的结构

VHDL 代码如下：
```
library IEEE；
use IEEE.STD_LOGIC_1164.ALL；
use IEEE.STD_LOGIC_ARITH.ALL；
use IEEE.STD_LOGIC_UNSIGNED.ALL；

entity example is
  generic(size：integer：=16；       --预定义一些参数
          half_size：integer：=8；
          duble_size：integer：=32)；

  Port (a：in STD_LOGIC_VECTOR (size-1 downto 0)；
        b：in STD_LOGIC_VECTOR (size-1 downto 0)；
        c_in：in STD_LOGIC；
        clock：in STD_LOGIC；
        c_out：out STD_LOGIC；
        sum：out STD_LOGIC_VECTOR (size-1 downto 0))；
end example；

architecture Behavioral of example is
```

```vhdl
--输入寄存器
signal i_r:  STD_LOGIC_VECTOR (duble_size downto 0);
--流水线寄存器
signal m_r:   STD_LOGIC_VECTOR (size+half_size downto 0);
--输出寄存器
signal o_r:  STD_LOGIC_VECTOR (size downto 0);

begin

process(clk)
begin
  if rising_edge(clock) then
    --将输入数据存入输入寄存器
    i_r(duble_size downto size+half_size+1)<= b(size-1 downto half_size);
    i_r(size+half_size downto size+1)<= a(size-1 downto half_size);
    i_r(size downto half_size+1)<= b(half_size-1 downto 0);
    i_r(half_size downto 1)<= a(half_size-1 downto 0);
    i_r(0)<= c_in;

    --高8位数据存入寄存器,低8位数据相加
    m_r(size+half_size downto size+1)<= i_r(duble_size downto size+half_size+1);
    m_r(size downto half_size+1)<= i_r(size+half_size downto size+1);
    m_r(half_size downto 0)<= ('0' & i_r(size downto half_size+1))
      + ('0' & i_r(half_size downto 1)) + ("00000000" & i_r(0));

    --高8位数据相加,低8位数据相加结果存入输出寄存器
    o_r(size downto half_size)<= ('0' & m_r(size+half_size downto size+1)) + ('0' & m_r(size downto half_size+1)) +
```

```
            ("00000000" & m_r(half_size));
        o_r(half_size-1 downto 0)<=m_r(half_size-1 downto 0);
    end if;
end process;

c_out<=o_r(size);                    --输出进位位
sum<=o_r(size-1 downto 0);           --求和结果

end Behavioral;
```
仿真波形如图 2.33 所示。

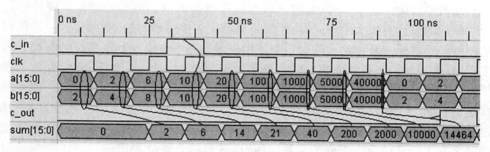

图 2.33 流水线结构的 16 位加法器的仿真波形

综合(Synthesis)是指把硬件的一种描述形式转换为另一种描述形式的过程。可以是把高层次的设计描述转化为低层次的设计描述,也可以是把同层次的行为描述转换为结构描述,这些操作都是由 EDA 软件自动完成的,同时还加入了必要的优化。为了提高速度,有时采用流水线优化。

最早出现的自动综合是逻辑综合,即把寄存器传输级转换为门级网表的过程。随着 VLSI 技术的发展,设计的方法不断进步,又发展了更高级的行为综合,这样可以把设计算法级的行为描述转换为寄存器传输级的结构描述。

由于最初为了实现仿真而产生了硬件描述语言 VHDL,所有的 VHDL 语句都可以用于仿真,但不是所有的 VHDL 语句可以用硬件来实现。对于使用硬件描述语言作为设计输入的 ASIC 或 FPGA/CPLD 的数字系统设计来说,可综合性是其可实现的基础,不能被自动综合的设计就没有使用价值,所以设计成功与否,不仅在于设计本身能否完成预期指定的功能,还要考虑它的可综合性。

但是在 VHDL 语法集中,可以综合的部分只占整个语句集的一小部分。这有几个原因:有些语句在实际硬件中是无意义的,比如文本的输入/输出语句、仿真调试的断言语句等,它们无法对应到相应的硬件结构上来;有些类型无法被综合,如物理类型、延时参数等;用户自定义的属性通常也无法被综合;过于高级的数据类型,如多维数组、指针类型,同样也无法被综合。因此,面向综合的 VHDL 的设计描述与仿真的 VHDL 的设计描述受到的约束是不一样的,综合工具只能综合 VHDL 语句集的一个子集。

不同的 EDA 工具,对 VHDL 语句的支持是不一样的,在一个可编程逻辑器件公司提供的开发系统下能够综合的 VHDL 程序,在另一个可编程逻辑器件公司提供的开发系统下,可能会出现不能够综合的现象。当出现这个问题时,可以阅读开发系统提供的帮助文件,了解该开发系统支持 VHDL 语句集的子集,对该开发系统不支持的 VHDL 语句,用其他语句来描述同样的功能。

在可综合的子集中,不同的描述风格同样也会影响到综合的结果。硬件的设计与软件的设计有很大的不同,虽然都是用语言来描述不同的硬件电路,但必须理解硬件电路的原理及特性。作为一个使用硬件描述语言设计数字系统的有经验的工程师,会更加关注硬件电路,例如,硬件的模块结构、电路的时序、有没有清零和置位、同步还是异步等问题。学习硬件描述语言,不能够仅仅满足只了解一些硬件描述语言的语法就行了,有些用硬件描述语言设计的电路语法上没有问题,但是经过综合以后的结果却与设计的初衷相违背了。采用硬件描述语言设计硬件电路的目的是为了能够综合出正确的结果。所以,只有符合硬件规律的描述才能综合出与预想相近的结果,否则,那种带有软件设计思想的描述将无法综合,甚至产生难以预测的综合结果。

使用硬件描述语言 VHDL 设计数字逻辑系统时,以下几点体会供参考:

(1) 保持设计风格和可靠性:① 易懂、清晰的命名规则;② 丰富的注释,便于修改和阅读;③ 一致、成熟的模块设计。

(2) 保证设计的可靠性。

(3) VHDL 是一种翻译工具,依赖好的 EDA 工具,心中应该有硬件电路模型,用硬件电路的设计思想描述电路。

(4) 对复杂的数字逻辑系统,组合电路与时序电路分开描述,用组合逻辑实现的电路和用时序逻辑实现的电路要分配到不同的进程中。一个 Process 中使用一个时钟。

(5) 使用能够满足需要的最小数据宽度。

(6) 定义数据类型为整数类型时,不要忽略对该数据类型范围的限定,否则,会采用默认的数据宽度,大多数综合工具会默认为 32 位,导致一个很简单的设计,会占用很多的资源。

平时注意收集已经经过验证的单元设计,为设计复杂的数字系统打下良好的基础。例如,一个 CPU 核,加上通用串行总线 UART 等外围总线控制器,这样如果要设计一个系统的话,只要把注意力放在各成熟的模块整合上,配上总线控制器,就可以构成一个片上系统。

习 题 2

1. 用进程描述组合电路时,如果在敏感信号列表中,漏写了一些输入信号,会出现什么问题?
2. 用 VHDL 描述无符号八位二进制数的加法器。
3. 用 VHDL 描述四选一多路选择器。
4. 用 VHDL 描述六十进制的计数器。
5. 用 VHDL 描述被乘数和乘数均是无符号八位二进制数的乘法器。
6. 用 VHDL 描述对输入脉冲信号 c 进行 6 分频的电路。
7. 用 VHDL 描述对输入脉冲信号 c 进行 5 分频的电路。
8. 数字逻辑电路的输入信号是 a,输出信号是 b,能够实现如图 2.34 所示的时序,用硬件描述语言描述如图 2.34 所示的逻辑电路原理图。

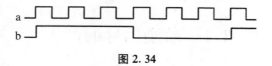

图 2.34

9. 描述如图 2.35 所示的逻辑电路原理图,输入信号是 CLK,X,输出信号是 Q。

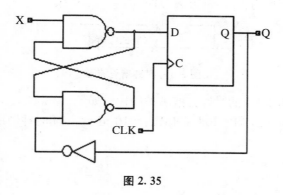

图 2.35

第 3 章 仿　　真

当采用 VHDL 完成数字系统设计后,除了使用 EDA 工具检查语法错误外,为了验证设计模块功能的正确性,需要对完成的设计进行仿真,用 VHDL 编写激励信号,观察这些设计模块的输出在这些激励信号作用下的输出是否符合设计要求,通过检查输出波形的结果,发现设计存在的问题。仿真工具能够帮助设计者提高排查设计问题的效率,然而在进行功能仿真时,仿真过程是严格按照 VHDL 的语句规则执行的,并不能认为仿真结果与采用 VHDL 完成的数字系统设计的输出结果会完全一致,如果不能够正确理解功能仿真的过程和原理,有时会出现仿真波形与实际综合的电路的输出结果不一致的现象。

3.1　激励信号的产生

描述时序逻辑必须产生时钟信号,编写产生时钟仿真信号方法都能够产生如图 3.1 所示的占空比为 1∶1 的方波脉冲。

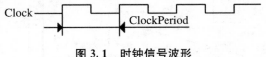

图 3.1　时钟信号波形

产生占空比为 1∶1 的时钟方波脉冲的代码如下:
　　Constant ClockPeriod：TIME：= 10 ns；--声明时钟周期常数
　　…
　　process
　　Begin

Clock<='1';
wait for (ClockPeriod/2);
Clock<='0';
wait for (ClockPeriod/2);
end process;

也能够产生占空比不是1∶1的时钟信号,例如,占空比为1∶4的时钟信号如图3.2所示。

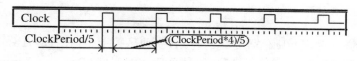

图 3.2 信号波形

产生占空比是1∶4的时钟方波脉冲的代码如下:
Constant ClockPeriod：TIME：= 10 ns; --声明时钟周期常数
…
process
Begin
　clk<='0';
　wait for ((ClockPeriod * 4)/5);
　clk<='1';
　wait for ((ClockPeriod * 1)/5);
end process;

对于其他激励波形的描述,例如,描述如图3.3所示的激励信号波形。

图 3.3 信号波形

描述如图3.3所示的波形的代码如下:
PROCESS
BEGIN
　rst<='1';
　wait for 25 ns;

```
        rst<='0';
      wait;
    END PROCESS;
```

3.2 十进制计数器的仿真

有两种方法确定激励信号变化的时刻,一种是采用绝对时间(Absolute Time)确定其他激励信号变化的时刻,另一种是采用相对时间(Relative Time)确定其他激励信号变化的时刻。绝对时间确定其他激励信号变化的时刻以开始时间为基准时刻;相对时间确定其他激励信号变化的时刻则是由事件是否发生来确定的。也可以根据设计的要求,采用两种方法相结合的方法。

例如,VHDL语言设计一个带有异步复位控制信号的四位加/减十进制计数器,时钟信号为clk,复位控制信号为rst(高电平有效),计数使能控制信号ce(高电平允许计数),加/减计数控制信号updn(updn=0时,计数器加1;updn=1时,计数器减1),程序如下:

```
library IEEE;
use IEEE.STD_LOGIC_1164.ALL;
use IEEE.STD_LOGIC_ARITH.ALL;

entity example is
    port (clk, rst, ce, updn: in STD_LOGIC;
          q: out STD_LOGIC_VECTOR(3 DOWNTO 0));
end example;

architecture Behavioral of example is
signal count: STD_LOGIC_VECTOR(3 DOWNTO 0);
begin
    process (clk, rst)
    begin
        if rst='1' then
```

```
            count< = (others = >'0');
        elsif clk = '1' and clk'event then
          if ce = '1' then
            if updn = '0' then
              if count = "1001" then
                count< = (others = >'0');
              else
                count< = count + 1;
              end if;
            else
              if count = "0000" then
                count< = "1001";
              else
                count< = count - 1;
              end if;
            end if;
          end if;
        end if;
    end process;

    q< = count;

end Behavioral;
```

采用绝对时间确定激励信号变化的时刻的方法编写上述计数器程序的仿真程序如下：

时钟激励信号为：
```
PROCESS
BEGIN
   clk< = '0';
     wait for 5 ns;
   clk< = '1';
     wait for 5 ns;
END PROCESS;
```

其他激励控制信号为：
```
PROCESS
BEGIN
    rst<='1';
    ce<='0';
    updn<='0';
    wait for 15 ns;
    rst<='0';
    wait for 10 ns;
    ce<='1';
    wait for 120 ns;
    updn<='1';
    wait;          -- will wait forever
END PROCESS;
```
仿真结果如图3.4所示。

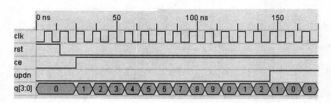

图 3.4　仿真波形

采用相对时间确定激励信号变化的时刻的方法编写上述计数器的仿真程序，在仿真程序中，根据需要描述用于仿真的计数器，例如，定义一个四位二进制计数器，根据该计数器的信号 tb_count，改变加/减计数控制信号 updn 的状态，如当 tb_count<="1100"时，updn<='0'；当不满足 tb_count<="1100"的条件时，updn<='1'。用于仿真的激励信号如下：

```
signal tb_count:std_logic_vector(3 downto 0):="0000";
                         --四位二进制计数器的信号
...
```

时钟激励信号为：
```
PROCESS
BEGIN
```

```
        clk<='0';
            wait for 5 ns;
        clk<='1';
            wait for 5 ns;
    END PROCESS;
```
描述用于仿真的计数器：
```
    PROCESS(clk)
    BEGIN
        if rising_edge (clk) then
            tb_count<=tb_count+1;
        end if;
    END PROCESS;
```
其他激励控制信号为：
```
    PROCESS
    BEGIN
        rst<='1';
        ce<='0';
        wait for 15 ns;
        rst<='0';
        wait for 10 ns;
        ce<='1';
        wait;        -- will wait forever
    END PROCESS;
```
根据计数器 tb_count 的结果，改变加/减计数控制信号 updn 的状态：
```
    PROCESS(clk)
    BEGIN
        if tb_count<="1100" then
        updn<='0';
        else
        updn<='1';
        end if;
    END PROCESS;
```
仿真结果如图 3.5 所示，根据计数器 tb_count 的结果，改变了加/减计数控制信号 updn 的状态。

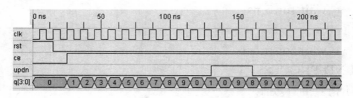

图 3.5 仿真波形

3.3 仿真与综合

由于 VHDL 硬件描述语言不是为了逻辑系统的设计而设计的,而是为了仿真和测试而设计的,在进行功能仿真时,仿真过程是严格按照 VHDL 的语句规则执行的,并不能认为仿真结果与采用 VHDL 完成的数字系统设计的输出结果会完全一致,有时会出现仿真波形与实际综合的电路的输出结果不一致的现象。

例如,描述的硬件电路如下:

```
library IEEE；
use IEEE.STD_LOGIC_1164.ALL；

entity example is
  Port (a, b, c: in STD_LOGIC；
        y1: out STD_LOGIC；
        y2: out STD_LOGIC)；
end example；

architecture Behavioral of example is
signal y1_tmp: STD_LOGIC；
begin
process(a, b, c)
begin
```

y1_tmp<= not a or b;
　　y2<= c and y1_tmp;
end process;
y1<= y1_tmp;
end Behavioral;

经过综合后的电路原理图如图 3.6 所示。

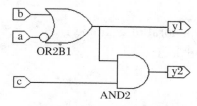

图 3.6　综合后的电路原理图

这是一个非常简单的组合电路,功能仿真波形如图 3.7 所示。

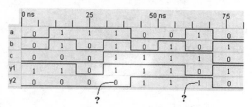

图 3.7　仿真波形

该组合电路的逻辑方程为:$y1=\bar{a}+b$,$y2=y1c$,当 $a=b=c=1$ 时,y1 和 y2 正确的结果分别是 y1=1 和 y2=1,但是,由仿真波形可以发现仿真结果是 y1=1 和 y2=0,这是因为仿真过程按照进程中的信号赋值规则,执行进程中的信号赋值语句时,赋值符号左边的信号不会立即改变,存在延迟,所以执行 y2=y1c 时,由于进程还没有结束,y1=0 的状态没有改变,仿真结果是 y2=0,这与综合后的电路不一致,同样,仿真波形中,当 $a=c=1$,$b=0$ 时,y1 和 y2 正确的结果分别是 y1=0 和 y2=0,但是,仿真结果却是 y1=0 和 y2=1。

再通过另外一个分别采用信号与变量的描述来说明仿真与综合的差别,描述的硬件电路如下:

　　library IEEE;
　　use IEEE.STD_LOGIC_1164.ALL;

　　entity example is

```
    Port (d1: in STD_LOGIC;
          d2: in STD_LOGIC;
          d3: in STD_LOGIC;
          q1: out STD_LOGIC;
          q2: out STD_LOGIC);
end example;

architecture Behavioral of example is
signal sig_s1: std_logic;
begin

  proc1: process(d1,d2,d3)
    variable var_s1: std_logic;
  begin
    var_s1: = d1 and d2;
    q1<= var_s1 xor d3;
  end process;

  proc2: process(d1,d2,d3)
  begin
    sig_s1<= d1 and d2;
    q2<= sig_s1 xor d3;
  end process;

end Behavioral;
```

经过综合后的电路原理图如图 3.8 所示。

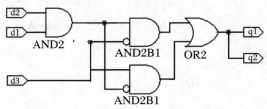

图 3.8 综合后的电路原理图

在上述设计中,两个进程 proc1 和 proc2 描述的是一样的电路,但是在具体描述上有一些差别,在 proc1 进程中使用了变量,而在 proc2 进程中使用了信号,经过综合后的实际电路的输出信号 q1 和 q2 的状态完全一样。

仿真结果也应该一样,但是执行仿真后的结果如图 3.9 所示。

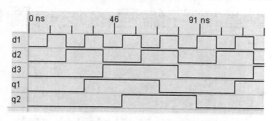

图 3.9 仿真波形

观察仿真波形,综合成相同的电路,却得到不同的仿真结果。因为仿真过程是严格按照 VHDL 的语句规则执行的,在进程中,对信号赋值,是存在延迟的,当执行赋值语句后,赋值的对象不会立即改变,应该等执行到进程结束时,赋值的对象才发生变化;而在进程中,对变量赋值,是不存在延迟的,当执行赋值语句后,赋值的对象会立即改变。仿真结果发现输出信号 q2 变化要超前 q1,出现了仿真结果与采用 VHDL 完成的数字系统设计的输出结果不一致的现象。

综上所述,当出现仿真结果与综合结果不一致时,应该找到引起不一致的原因,确定是否修改设计,特别要注意,在进程中,对信号的赋值,赋值的对象不会立即改变,应该等执行到进程结束时,赋值的对象才发生变化。

习 题 3

1. 用 VHDL 描述占空比为 1∶1 的时钟信号。
2. 用 VHDL 描述如图 3.10 所示的激励信号。

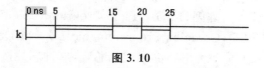

图 3.10

第 4 章　可编程的逻辑器件

4.1　可编程的逻辑器件概述

随着计算机和微电子技术的快速发展,电子器件由早期的电子管、晶体管、小中规模集成电路,发展到超大规模集成电路(几万门以上)以及许多具有特定功能的专用集成电路(ASICs,Application-Specific Integrated Circuits)。在现代复杂的数字逻辑系统中,专用集成电路的应用越来越广泛。曾经广泛使用的由基本逻辑门和触发器构成的中小规模集成电路(例如,TTL(Transistor-Transistor Logic)和 CMOS(Complementary Metal-Oxide Semiconductor)系列数字集成电路)所占的比例却越来越少。主要原因是这些通用成品集成电路只能够实现特定的逻辑功能,不能由用户根据具体的要求进行修改。而且,许多使用不上的逻辑功能和集成电路管脚不能够发挥应有的作用,造成电子产品的功耗增加,印刷电路板和产品体积增大。

虽然 ASIC 的成本很低,但设计周期长、投入费用高,只适合大批量应用,因为只有大批量的应用,才能降低单个芯片的成本。可编程逻辑器件(PLD,Programmable Logical Device)自问世以来,经历了从低密度的 EPROM、PLA、PAL、GAL,到高密度的现场可编程门阵列(FPGA,Field Programmable Gate Array)和复杂可编程逻辑器件(CPLD,Complex Programmable Logical Device)的发展过程。可编程逻辑器件实际上是一种电路的半成品芯片,这种芯片按一定排列方式集成了大量的门和触发器等基本逻辑元件,出厂时不具有特定的逻辑功能,需要用户编程后才能使用,利用专用的开发系统对其进行编程,在芯片内部的可编程连接点进行电路连接,使之完成某个逻辑电路或系统的功能,成为一个可在实际电子系统中使用的专用芯片。

相对于固定的逻辑器件，PLD 芯片具有很多优点，PLD 在设计过程中为设计者提供了更大的灵活性，有电子设计自动化工具帮助设计者完成设计输入、仿真、布局布线和将设计方案下载到 PLD 芯片中。对于基于 PLD 的电子系统设计来说，设计的反复修改只需要简单地改变编程文件就可以了，而且设计改变的结果可立即在实际系统中看到。

可编程逻辑器件的出现打破了中小规模通用型集成电路和大规模专用集成电路垄断的天下，大规模可编程逻辑器件既继承了专用集成电路的高集成度、高可靠性的优点，又克服了专用集成电路设计周期长、投资大和灵活性差的缺点。而且，可编程逻辑器件设计灵活，发现错误时，可以及时修改，逐步成为复杂数字逻辑系统的理想器件，非常适合科研单位开发小批量和多品种的电子产品。甚至，有时设计专用集成电路时，也将使用可编程逻辑器件实现功能样机作为必需的步骤。

可编程逻辑器件有低密度和高密度之分，目前，广泛使用的低密度的 PLD（所谓低密度指包含的等效逻辑门低于 1 000 个 PLD 芯片，一个门阵等效门就是一个两输入端的与非门）有：可编程阵列逻辑（PAL，Programmable Array Logic）、通用阵列逻辑（GAL，Generic Array Logic）芯片。

随着微电子技术的发展，设计与制造集成电路的任务已不完全由半导体厂商来独立承担。系统设计师们更愿意自己设计专用集成电路（ASIC）芯片，而且希望 ASIC 的设计周期尽可能短，最好是在实验室里就能设计出合适的 ASIC 芯片，并且立即投入实际应用之中，因而出现了现场可编程逻辑器件（Field PLD），其中应用最广泛的当属现场可编程门阵列（FPGA）和复杂可编程逻辑器件（CPLD）。许多著名的半导体集成电路制造公司都不断地推出各种新型的高密度 PLD（包含的等效逻辑门高于 1 000 个 PLD 芯片），高密度 PLD 包含两种不同结构的器件，一种是复杂可编程逻辑器件，另一种是现场可编程门阵列结构器件。

相对于低密度的 PLD 来说，高密度的 PLD 具有更多的输入/输出、乘积项（Product Term）和宏单元（Macrocell），复杂可编程逻辑器件含有多个逻辑单元，其中每个逻辑单元都相当于一个低密度的 PLD（例如，一个 GAL16V8），通过内部可编程连线（PI，Programmable Interconnect），将芯片内部的逻辑单元连接起来，仅用一块复杂可编程逻辑器件就能够完成比较复杂的逻辑功能。

这样的 FPGA/CPLD 实际上就是一个子系统部件。这种芯片受到世界范围内电子工程设计人员的广泛关注和欢迎。经过了十几年的发展，许多公司都开发出了多种可编程逻辑器件。它们提供的可编程逻辑器件产品占用了较大的可编程逻辑器件市场。全球的 PLD/FPGA 产品 60% 以上是由 Altera 公司和 Xilinx 公司提供的。当然还有许多其他公司发明的 PLD/FPGA 产品，如 Lattice、Vantis、

Actel、Quicklogic、Lucent 等公司。

FPGA 器件在结构上，逻辑单元（Logic Cell）按阵列排列，由可编程的内部连接线连接这些逻辑单元。一般来说，逻辑单元比 CPLD 的乘积项和宏单元的功能要少，但是含有丰富的触发器和存储器资源，将这些逻辑单元级联起来，就能够完成比较复杂的逻辑功能和大规模（百万门级）的数字系统的设计。

Xilinx 公司的现场可编程门阵列，有 XC3000A/L、XC3100A/L、XC4000A/L、XC5000、XC6200、XC8000、Spartan、Spartan-Ⅱ/Spartan-ⅡE、Virtex 等系列产品。XC4000 系列产品采用了 CMOS 和 SRAM 技术，其功耗非常低，在静态和等待状态下的功耗仅为毫瓦级。FPGA 的基本结构由以下几个部分组成：可编程逻辑功能块（CLB，Configurable Logic Blocks）在芯片上按矩阵排列；在芯片四周，有许多接口功能块（IOB，Input/Output Blocks）；可编程内部连线（PI，Programmable Interconnect）是 FPGA 中最灵活的一部分，可以在逻辑功能块的行与列以及接口功能块之间实现互联。可编程逻辑功能块、接口功能块和可编程内部连线三个主要部分构成了可编程逻辑单元阵列（LCA，Logical Cell Array）。CLB 实现用户定义的基本逻辑功能，IOB 实现内部逻辑与器件封装引脚之间的接口，PI 完成模块之间信号的传递。FPGA 的配置数据存放在 SRAM 中，即 FPGA 的所有逻辑功能块、接口功能块和可编程内部连线的功能都由存储在芯片上的 SRAM 中的编程数据来定义。由于断电之后，SRAM 中的数据会丢失，所以每次接通电源时，由微处理器来进行初始化和加载编程数据，或将实现电路的结构信息保存在 EPROM 中，FPGA 由 EPROM 读入编程信息。由 SRAM 中的各位存储信息控制可编程逻辑单元阵列中各个可编程点的通断，从而达到现场可编程的目的。

Xilinx 公司的 Virtex-Ⅱ PRO 系列采用 0.13 微米，9 层金属结构，是一款基于 Virtex-Ⅱ 系列基础的高端 FPGA。其主要特点是在 Virtex-Ⅱ 上增加了高速 I/O 接口能力和嵌入了 IBM 公司的 PowerPC 处理器。

除了 FPGA 产品外，Xilinx 公司的 CPLD 产品有 XC9500（5 伏 CPLD 系列）和 XC9500XL（3.3 伏 CPLD 系列）系列产品，采用了 0.35 微米技术，对芯片的编程次数达到 10 000 次，具有在线可编程的功能。

结合 XC9500 系列 CPLD 的速度快和 CoolRunner XPLA3 系列 CPLD 的功耗低的特点，Xilinx 公司又推出第二代 CPLD 产品——CoolRunner-Ⅱ 系列 CPLD，例如，XC2C128 等。CoolRunner-Ⅱ 系列 CPLD 的内核电源电压为 1.8 V，支持 1.5 V、1.8 V、2.5 V 和 3.3 V 多种输入/输出电平，具有 XC9500 系列 CPLD 没有的时钟分频和倍频功能，特别适合采用电池供电的电子产品。

Altera 公司有 MAX7000、MAX9000、FLEX8000、FLEX10K、APEX20K、

ACEX、Cyclone 和 Stratix 等系列产品。MAX 系列 CPLD 采用 EEPROM 技术和乘积项的结构(Product Term Architecture);FLEX 系列 CPLD 采用 SRAM 技术和查表结构(Look_Up Table Architecture);Stratix 系列内嵌乘加结构的 DSP 块,采用 1.5 V 内核,0.13 微米全铜工艺。

MAX 系列非常适合应用于复杂的组合逻辑和状态机数字系统中(例如,接口总线控制器、译码器等);FLEX 系列适合应用于需要进行快速运算的数字逻辑系统中(例如,数字信号处理、PCI 接口电路和计数器等);APEX20K 系列同时具备了 MAX 系列和 FLEX 系列的特点,内部还有高速双端 RAM。

Stratix 系列芯片具有如下几个特点:① 内嵌三级存储单元:可配置为移位寄存器的 512 bit 小容量 RAM;4 Kbit 容量的标准 RAM(M4K);512 Kbit 的大容量 RAM(MegaRAM),并自带奇偶校验。② 内嵌乘加结构的 DSP 块(包括硬件乘法器/硬件累加器和流水线结构)适于高速数字信号处理和各类算法的实现。③ 全新布线结构,分为三种长度的行列布线,在保证延时可预测的同时,提高资源利用率和系统速度。④ 增强时钟管理和锁相环能力,最多可有 40 个独立的系统时钟管理区和 12 组锁相环 PLL,实现 K×M/N 的任意倍频/分频,且参数可动态配置。⑤ 增加片内终端匹配电阻,提高信号完整性,简化 PCB 布线。

Lattice 半导体公司将其先进的在系统可编程技术应用到高密度可编程逻辑器件(High Density Programmable Logical Device)中,先后推出了 ispLSI1000、ispLSI2000、ispLSI3000、ispLSI5000、ispLSI6000 和 ispLSI8000 等一系列高密度在系统可编程(ispLSI, In_System Programmable Large Scale Integration)逻辑器件,宏阵列 CMOS 高密度(MACH_Macro Array CMOS High-density)器件,其规模从 32~512 个宏单元,多达 2 万个门,传输延迟 t_{pd} 可低到 4.5 ns,可以预知内部逻辑的定时关系。

Lattice 半导体公司还推出了 MachXO 系列器件,该器件是一种将 FPGA 和存储配置信息的存储器合二为一的可编程逻辑器件,不需要在 FPGA 芯片外再挂一片外部保存配置信息的存储器,器件内部包含了断电能够存储配置信息的存储器,不会因为通过读取外挂存储器的内容而泄露配置信息,简化了硬件电路的设计和提高了系统设计的安全性。

不同厂家对可编程逻辑器件的叫法不尽相同。Xilinx 公司把基于查找表技术、SRAM 工艺、要外挂配置用的 EEPROM 的 PLD 称为 FPGA;把基于乘积项技术和 Flash(类似 EEPROM 工艺)工艺的 PLD 称为 CPLD。Altera 公司把自己的 PLD 产品:MAX 系列(乘积项技术,EEPROM 工艺)、FLEX 系列(查找表技术,SRAM 工艺)都称为复杂 CPLD,由于 FLEX 系列也是采用 SRAM 工艺,基于查找表技术，要外挂配置用的 EPROM，用法和 Xilinx 公司的 FPGA 一样，所以很多人把 Altera 公司的 FELX 系列产品也称为 FPGA。其实现场可编程门阵列与复杂可编程逻辑器件都是可编程逻辑器件，它们都是在 PAL、GAL 等逻辑器件的基础之上发展起来的。

还有一种反熔丝(Anti-fuse)技术的 FPGA，如 Actel、Quicklogic 公司的部分产品就是采用这种工艺。使用方法与上述可编程逻辑器件一样，但是这种可编程逻辑器件的缺点是不能重复改写，所以初期开发过程的费用也比较高。但是采用反熔丝技术的可编程逻辑器件也有许多优点：这种可编程逻辑器件的速度更快，功耗更低，同时抗辐射能力更强，耐高温，可以加密，所以在一些有特殊要求的领域中运用得比较多，如军事及航天等领域。

PLD 的分类如图 4.1 所示。

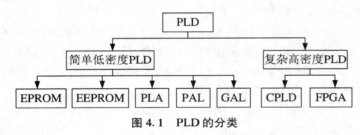

图 4.1　PLD 的分类

4.2　低密度可编程逻辑器件

早期的可编程逻辑器件有可编程只读存储器(PROM)和紫外线可擦除只读存储器(EPROM)。由于结构的限制，它们只能完成简单的数字逻辑功能。

4.2.1　只读存储器(ROM，Read Only Memory)

1. 固定 ROM

固定 ROM 所存的信息由厂家完全固定下来，使用过程中无法修改，这种 ROM 灵活性差，但成本低、可靠性高，主要用于能够批量生产的产品中。

2. 可编程存储器(PROM，Programmable ROM)

PROM 的信息由用户自己根据需要编程写入，但只能够写入一次，一经写入则不能够再修改。

3. 可改写的可编程存储器(EPROM, Erasable PROM)

EPROM 的信息内容可以多次编程和改写,可以通过紫外线等照射擦除原来的内容。

EPROM 是采用浮栅技术生产的可编程存储器,一般的 EPROM 用叠栅 MOS(SIMOS, Stacked-gate Injection MOS)管构成基本的存储单元,EPROM 的结构如图 4.2 所示。

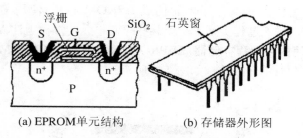

图 4.2 EPROM 的结构

浮栅被绝缘物质 SiO_2 所包围。在写入数据前,浮栅没有电子,当源极接地,给控制栅(接在行选择线上)加上控制电压时,在漏源极之间形成 N 型沟道(在 P 型衬底上感应出一个反型层,P 型衬底的少子电子,连接漏源极的两个 N 型半导体而导通),MOS 管导通,如图 4.3(a)所示;而当浮栅带有电子时,则衬底表面感应出正电荷,这使得 MOS 管的开启电压变高,如果给同样控制栅加上同样的控制电压,MOS 管仍然处于截止状态。SIMOS 管可以利用浮栅是否积累有负电荷来存储二值数据。

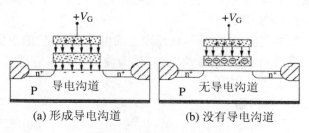

图 4.3 EPROM 工作原理

如果在漏源极之间加足够高的正电压后,漏源极之间形成强电场,使衬底与漏极之间的 PN 结产生雪崩击穿,使得一些速度较高的电子穿越 SiO_2 层,到达浮栅。当漏极上外加的高压去掉以后,俘获在浮栅上的电子,由于被绝缘层所包围无法消散而长期保存在浮栅上,使浮栅带负电位,从而使该场效应管的开启电压增加,在正常工作状态下处于截止状态,并且在漏源极之间的沟道中感应出正电荷。这样漏源极之间失去 N 沟道,即使在控制栅加正 5 伏电压时,漏源极之间也不可能形成导电沟道,如图 4.3(b)所示。

EPROM 上方开设一个石英玻璃窗,在紫外线照射下,使 SiO_2 层中产生电子-空穴对,为浮栅上的电子提供泄放通道。对 EPROM 编程时,必须先进行擦除后,才能进行编程。

叠栅 MOS 管作为基本存储单元构成 EPROM 芯片,使用前,浮栅上没有电子,称为空白片。写入过程实际上是使某些存储单元的浮栅上注入电子的过程。

4. 电可改写的可编程存储器(EEPROM,Electrically EPROM)

EEPROM 存储单元的结构如图 4.4 所示。

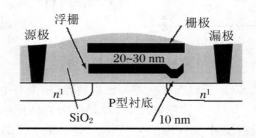

图 4.4　EEPROM 存储单元的结构

在浮栅与漏区之间有一个薄氧化层(厚度在 2×10^{-8} m 以内)的区域,这个区域成为隧道区。当隧道区的电场强度大到一定程度($>10^7$ V/cm)时,在漏区与浮栅之间出现导电隧道,电子可以通过,形成电流,使得一些电子穿越 SiO_2 层,到达浮栅。这种现象称为隧道效应。

当漏极上外加的高压去掉以后,在浮栅上的电子,由于被绝缘层所包围无法消散而长期保存在浮栅上,使浮栅带负电位,从而使该场效应管的开启电压增加,在正常工作状态下处于截止状态。

5. 快闪(Flash)存储器

快闪存储器又称为快擦快写存储器,快闪存储器的结构如图 4.5 所示。浮栅与 P 型衬底的距离更短,约为 100 埃。

编程时,当源极接地、漏极接 4.5～8 伏、栅极接 +12 伏左右电压时,会使一些电子穿越薄氧化层,到达浮栅。

当需要擦除 Flash EEPROM 上的信息时,源极接 5 伏、漏极开路和栅极接

−12伏电压,使浮栅的电子泄放掉。

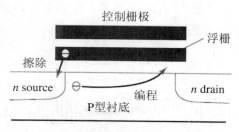

图 4.5 快闪存储器的结构

6. 熔丝型(Fuses)PROM

熔丝采用很细的低熔点合金丝多晶硅导线制成。在写入数据时,只要将需要写入 0 的那些存储单元的熔丝烧断。

编程时,先输入地址信号,提高 V_{cc} 到编程所需要的电压,在对应写 0 的位线上,加入编程脉冲,写入放大器的输出为低电平,有很强的脉冲电流通过熔丝,将熔丝烧断。熔丝编程结构示意图如图 4.6 所示。

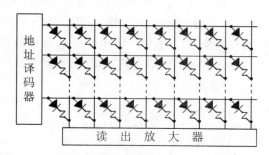

图 4.6 熔丝编程结构示意图

芯片中,每个数据皆为 1,因而不带任何信息,是一个半成品,然后根据用户的需要,用一个能产生编程电流或编程电压(是一种特殊的波形的电流或电压)的编程器,将不需要连接处的熔丝熔断,制成所需要的 ROM。这种可以在 ROM 半成品上编程的器件称为可编程 ROM(PROM),是最原始的 PLD。

7. 反熔丝型(Anti-fuse)PROM

一般当熔丝构成一个连接导体时,过大的电流流过该熔丝,从而导致其烧断。而对反熔丝来说,有编程高电压加到反熔丝两端后,反熔丝却呈现很小的电阻。

反熔丝型 PROM 的结构如图 4.7 所示,电介质夹在多晶硅和扩散层之间。与熔丝型 PROM 相反,当有编程高电压(例如 18 伏)加到电介质两端时,击穿介质,介质呈现很小的电阻(小于500欧姆),将两层导电材料连通;当没有编程时,在两层导电材料之间的介质的电阻非常高(大于100兆欧姆),介质相当于绝缘体。

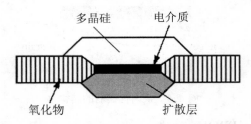

图 4.7 反熔丝型 PROM 的结构示意图

反熔丝型 PROM 的优点是反熔丝所占用的面积很小,适合做要求集成度很高的可编程逻辑器件的开关,但是,其缺点同样明显,属于一次性可编程器件,不能够重复使用。

使用 PROM 可以实现组合逻辑功能。

分析 PROM 的结构可知,其译码器部分实际是一个由 2^n 个 n 输入与门组成的与门阵列(n 是阵列的输入端数),即 PROM 相当于一个不可编程的"与"阵列和一个可编程的"或"阵列。每个与门输出一个 n 变量的乘积项,而存储矩阵的每一个输出端代表一个对这些乘积项进行或运算的或门,因此一个 PROM 实际是一个按标准与-或式运算的组合逻辑电路,如图 4.8 所示。

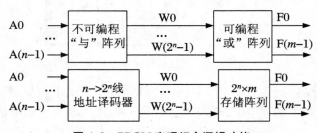

图 4.8 PROM 实现组合逻辑功能

例如,F = ABC + NP + XYW。

将输入逻辑信号 ABCNPXYW 分别接在 PROM 的地址线 A7A6A5A4A3A2A1A0 上,输出 F 接在 PROM 的数据线 D0 上。编程时,将地址线 A7A6A5,A4A3,A2A1A0 都为 1 的那些存储单元的第一位写为 1(如果没有其他逻辑函数考虑),其他单元写为 0,就能够实现该组合逻辑功能。

由于 PROM 的"与"阵列是全译码器，即它产生了输入逻辑信号的全部最小项，因而所占用的芯片面积随输入信号数量的增加而急剧增加，从而使芯片的成本增加，速度降低。实际上，大多数组合逻辑函数并不需要所有的最小项，因此，用 PROM 实现组合逻辑的功能会造成 PROM 的资源利用率不高。

4.2.2 可编程逻辑阵列(PLA, Programmable Logic Array)

为了克服上述实现数字逻辑电路时的缺点，出现了一类结构上稍复杂的可编程芯片，而任意一个组合逻辑都可以用"与-或"表达式来描述，所以，简单可编程逻辑器件的"与"阵列和"或"阵列的连接关系是可编程的，它能够完成各种数字逻辑功能。其工作原理如图 4.9 所示。

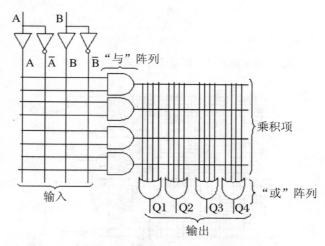

图 4.9　简单可编程逻辑器件的"与"阵列和"或"阵列

实现逻辑函数时，运用简化后的"与-或"表达式，由"与"阵列构成与项，然后用"或"阵列实现相应的或运算。例如，要实现下列多输出逻辑函数：

$$Q1 = \overline{A}B + A\overline{B}$$
$$Q2 = \overline{A}\,\overline{B} + A\overline{B} + AB$$
$$Q3 = \overline{A}\,\overline{B} + \overline{A}B + A\overline{B}$$
$$Q4 = AB$$

通过开发系统，编程"与"阵列和"或"阵列的连接关系，实现上述逻辑功能，如图 4.10 所示。

PLA 在上述基本结构的基础上，增加了三态逻辑门和反馈电路，以乘积项之和的形式完成大部分组合逻辑功能,如图 4.11 所示。

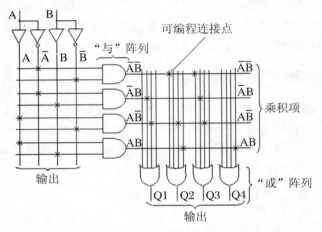

图 4.10　简单可编程逻辑器件实现上述逻辑功能

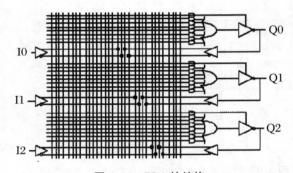

图 4.11　PLA 的结构

图中采用了简化的表示方法,每个与门的一条线输入表示有多个输入信号线,如图 4.12 所示。

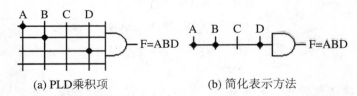

(a) PLD乘积项　　　　　　　(b) 简化表示方法

图 4.12　PLD 的简化表示方法

如图 4.11 所示的 PLA 有 3 个输入 I2、I1、I0,但是其乘积项是 6 根而不是 2^3 根。如果有 8 个输入,其乘积项是 16 根,而采用 PROM 实现组合逻辑输入时,8 个输入却对应着 256 个地址单元。所以 PLA 的"与"阵列不再采用全译码的形式,从而减小了阵列的规模。

PROM 实现数字逻辑功能时,相当于一个不可编程的"与"阵列和一个可编程的"或"阵列。PLA 与 PROM 不同,它们不能实现输入信号所有可能的"与"项所构成的"与-或"表达式输出,但是 PLA 含有更多的输入变量,实现组合逻辑功能的速度更快。

4.2.3 可编程阵列逻辑(PAL,Programmable Array Logic)

PAL 由一个可编程的"与"阵列和一个固定的"或"阵列构成,或门的输出可以通过触发器有选择地设置为寄存器输出状态或组合电路输出状态,如图 4.13 所示,不但能够实现组合逻辑电路,还能够实现时序逻辑电路,PAL 器件是可编程的。

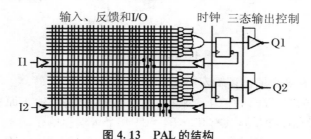

图 4.13　PAL 的结构

4.2.4 通用阵列逻辑(GAL,Generic Array Logic)

在 PAL 的基础上,又发展了一种通用阵列逻辑(GAL),如 GAL16V8、GAL22V10 等。GAL 是 Lattice 半导体公司于 1985 年推出的最成功的 PLD。它采用了 EEPROM 工艺,实现了电可擦除、电可改写,其输出结构是可编程的逻辑宏单元,因而它的设计具有很强的灵活性,至今仍有许多人使用。这些早期的 PLD 器件的一个共同特点是可以实现速度特性较好的逻辑功能,但其过于简单的结构也使它们只能实现规模较小的电路。

GAL 基本结构(如图 4.14 所示)是由可编程的"与"阵列、固定的"或"阵列和输出宏单元(OLMC)组成,OLMC 可以得到不同的输出结构,使得 GAL 比输出部分相对固定 PAL 芯片更为灵活。

以 GAL16V8 为例。"与"阵列有 8 个输入缓冲器和 8 个反馈输入缓冲器。每个输入缓冲器有同相和反相输出端(即原变量和反变量),所以"与"阵列共有 $(8+8) \times 2 = 32$ 个输入变量。

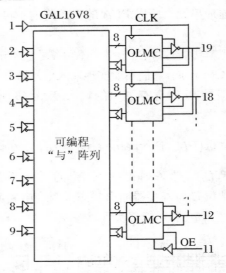

图 4.14 GAL 的结构

GAL16V8 有 8 个输出逻辑宏单元。

GAL16V8 的"与"阵列有 64 个乘积项、32 个输入变量(输入原变量和反变量、反馈输入原变量和反变量),共有 $32 \times 64 = 2\,048$ 个可编程单元。

GAL16V8 有一个系统时钟信号(CLK)和三态输出使能控制信号(OE)。

OLMC 的结构如图 4.15 所示。

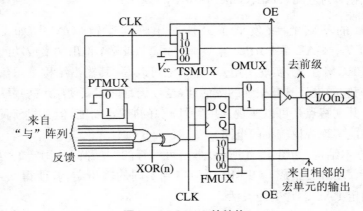

图 4.15 OLMC 的结构

或门的每个输入对应一个乘积项,或门的输出为各乘积项之和。

异或门控制输出极性。$F = D \oplus XOR(n)$,$XOR(n) = 1$ 时,$F = /D$;$XOR(n) = 0$ 时,$F = D$。

D 型触发器实现时序逻辑电路。

PTMUX,选择低电平时,第一个乘积项可以作为三态输出使能控制信号(OE);反之,第一个乘积项作为或门的一个输入。

OMUX,输出数据选择器。从触发器输出或不经过触发器输出。

STMUX,三态输出选择器。可以供选择的信号有 4 个:三态输出使能控制信号(OE)、"与"阵列的第一个乘积项、固定的低电平和高电平。

FMUX,反馈数据选择器。可以供选择的信号有 4 个:触发器的反相输出、本单元输出、相邻单元输出和固定的低电平。

由于低密度 PLD 器件的一个共同特点是可以实现速度特性较好的逻辑功能,但是其结构较简单,也使它们只能实现规模较小的电路。

4.3 高密度可编程逻辑器件

20 世纪 80 年代中期,Altera 公司和 Xilinx 公司分别推出了 CPLD 和 FPGA,它们都具有体系结构和逻辑单元灵活、集成度高以及适用范围宽等特点。这两种器件兼容了 PLD 和通用门阵列的优点,可实现较大规模的电路,编程也很灵活。与门阵列等其他专用集成电路相比,它们又具有设计开发周期短、设计制造成本低、开发工具先进、标准产品无须测试、质量稳定以及可实时在线检验等优点,因此被广泛应用于产品的原型设计和产品生产(一般在 10 000 件以下)之中。几乎所有应用中小规模通用数字集成电路的场合均可应用 FPGA 和 CPLD 器件。

尽管 FPGA、CPLD 和其他类型 PLD 的结构各有其特点和长处,但概括起来,它们由三大部分组成:一个二维的逻辑块阵列,构成了 PLD 器件的逻辑组成核心;输入/输出单元;连接逻辑单元的互联资源。连线资源:由各种长度的连线线段组成,其中包含一些可编程的连接开关,它们用于逻辑单元之间、逻辑单元与输入/输出单元之间的连接。对于 FPGA 来说,还嵌入了其他一些资源,例如,存储器、乘法器、时钟管理单元和 CPU 等。

4.3.1 XC9500在系统可编程逻辑器件系列

1. XC9500在系统可编程逻辑器件系列

XC9500系列产品采用了先进的CMOS Fast FLASH技术,使用FLASH ROM控制每个可编程单元,具有在系统可编程的功能,在系统可编程指用户为了修改逻辑设计或重构数字逻辑系统(包括增加或修改可编程逻辑器件的I/O引脚),而在已经设计和制作好的数字系统中,通过在系统可编程逻辑器件的编程控制信号线,直接对印刷电路板上的在系统可编程逻辑器件进行在线编程(即不需要将CPLD芯片从印刷电路板上取下来,这点与EPROM、PAL和GAL可编程逻辑芯片不一样。对EPROM、PAL和GAL可编程逻辑芯片编程时,需要将要编程的芯片在专门的编程器上进行编程操作)和反复修改,并进行现场调试和验证。即使已经成为定型的产品,同样能够不断改进以前的逻辑设计方案,加快了产品更新换代的周期。对已经焊接在印刷电路板上的在系统可编程逻辑器件进行在线编程时,使用印刷电路板上的单5伏电源作为编程电源即可,使得原来不容易改变的硬件设计变得像软件一样灵活而易于修改和调试。

XC9500系列产品几乎可以实现所有通用数字逻辑集成电路的功能,克服了专用数字集成电路设计周期长、投入费用高的缺点。其先进的设计思想和灵活的在系统可编程方式,反映了当代数字逻辑系统的一种发展趋势。

XC9500系列产品有XC9536、XC9572、XC95108、XC95144、XC95216、XC95288几种型号,这些型号的产品包含的寄存器数量和逻辑门的密度如表4.1所示。

表4.1 XC9500系列产品

	XC9536	XC9572	XC95108	XC95144	XC95218	XC95288
宏单元数量	36	72	108	144	218	288
逻辑门数量	800	1 600	2 400	3 200	4 800	6 400
寄存器数量	36	72	108	144	218	288

当XC9500系列芯片的输入/输出管脚定义成输出管脚时,能够输出24 mA的电流。对芯片进行编程次数达到10 000次以上。

2. XC9500在系统可编程逻辑器件系列结构

XC9500系列芯片主要由功能单元(FB,Function Block)、输入/输出单元(IOB)和快速连接开关矩阵(Fast Connect Switch Matrix)组成,如图4.16所示。每个FB都可以实现一定逻辑功能的单元逻辑电路,FB之间通过快速连接开关矩阵连接在一起实现复杂的逻辑功能,IOB实现芯片的输入/输出信号与其他外部各种信号的相匹配的接口。

(1) 功能单元

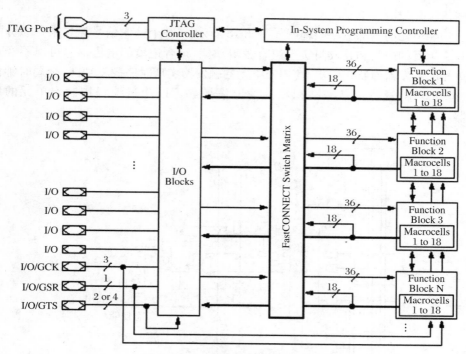

图 4.16　XC9500 系列芯片的结构

每个功能单元由 18 个独立的宏单元（Macrocell）、乘积项分配器（Product Term Allocators）和可编程"与"阵列组成，如图 4.17 所示。来自快速连接开关矩

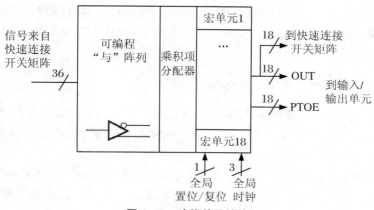

图 4.17　功能单元结构

阵36个输入信号变成72个互补信号进入可编程"与"阵列,通过乘积项分配器,将这些信号分配给宏单元。

功能单元的内部电路原理图如图4.18所示。36个输入信号经过乘积项分配器和宏单元的或门和异或门实现组合逻辑功能,组合逻辑的输出信号可以不经过宏单元的触发器而直接输出;使用宏单元的触发器实现时序逻辑功能,全局时钟信号、全局复位/置位信号和乘积项的输出信号都可以通过编程控制宏单元的触发器。

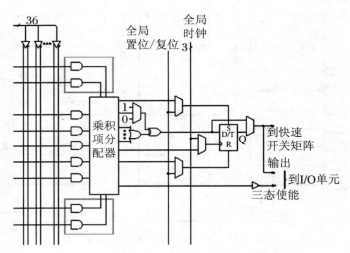

图4.18 功能单元的内部电路原理图

(2) 输入/输出单元

输入/输出单元的内部电路原理图如图4.19所示。通过编程可以使输入/输出管脚定义成输入信号或输出信号以及三态信号,也能够定义成固定的低电平和高电平。

4.3.2 CoolRunner-Ⅱ可编程逻辑器件系列

CoolRunner-Ⅱ是建立在Xilinx的XC9500和CoolRunner XPLA3系列产品基础之上的新一代CPLD,它结合了XC9500系列高速度和方便易用特点,以及XPLA3系列的超低功耗特点。

CoolRunner-Ⅱ系列器件采用了快速零功耗(FZP,Fast Zero Power)专利技术与1.8伏内核工作电压以及1.5伏、1.8伏、2.5伏和3.3伏多电压接口标准输出,是一种低功耗的CPLD器件,具有在线可编程的功能。

该系列器件的密度范围从32~512宏单元,管脚至管脚延迟仅3.5 ns,静态电流小于100微安。

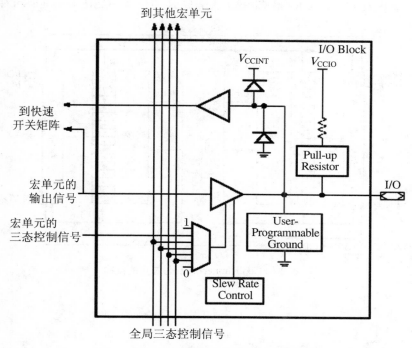

图4.19 输入/输出单元的内部电路原理图

部分CoolRunner-Ⅱ可编程逻辑器件系列的型号和包含的宏单元数量以及最大输入/输出数量如表4.2所示。

表4.2 CoolRunner-Ⅱ可编程逻辑器件系列

	XC2C32A	XC2C64A	XC2C128	XC2C256	XC2C384	XC2C512
宏单元个数	32	64	178	256	384	512
Max I/O	33	64	100	184	240	270

CoolRunner-Ⅱ可编程逻辑器件主要由功能单元(FB,Function Block)、输入/输出单元(IOB)和先进内部互联矩阵(AIM,Advanced Interconnect Matrix)组成,每个功能单元包含了16宏单元(MC,Macrocell),如图4.20所示。每个宏单元都可以实现一定逻辑功能的单元逻辑电路,MC之间通过可编程内部互联矩阵连接在一起实现复杂的逻辑功能,IOB实现芯片的输入/输出信号与其他外部各种信号的相匹配的接口。

（1）宏单元

每个宏单元由乘积项和触发器组成，可以实现组合逻辑和时序逻辑功能，如图 4.21 所示，其中 GCK（Global Clock）是全局时钟信号、GSR（Global Set/Reset）

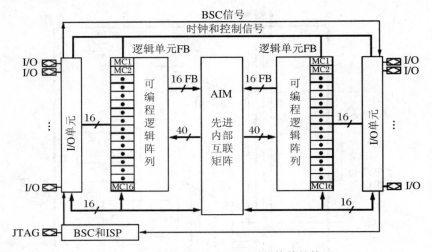

图 4.20　CoolRunner-Ⅱ系列芯片的结构

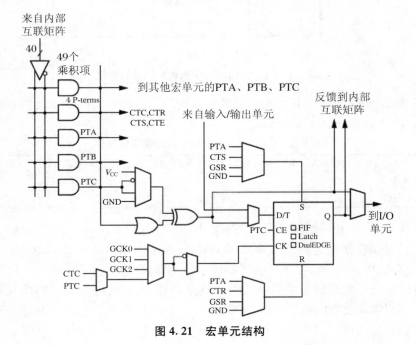

图 4.21　宏单元结构

是全局置位/复位信号、GTS（Global Tri-States）是全局输出使能控制信号。宏单元中的触发器通过编程可以设置成触发器、锁存器和双边沿触发器。

（2）输入/输出单元

输入/输出单元的内部电路原理图如图 4.22 所示。通过编程可以使输入/输出管脚定义成输入信号或输出信号以及三态信号，也能够定义成固定的低电平和高电平。

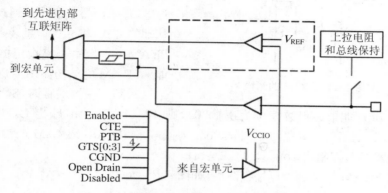

图 4.22　输入/输出单元的内部电路原理图

（3）时钟分频单元

CoolRunner-Ⅱ可编程逻辑器件嵌入了时钟分频单元，分频系数分别为 2,4, 6,8,10,12,14 和 16，如图 4.23 所示。

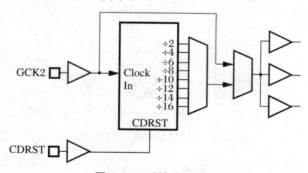

图 4.23　时钟分频单元

4.3.3　Spartan 可编程逻辑器件系列

Xilinx 公司 1998 年初将 Spartan(5 伏，0.5 微米集成电路制造工艺)系列可编程逻辑器件投放市场，并且于同年年底将 Spartan-XL(3 伏，0.35 微米集成电路制造工艺)系列可编程逻辑器件投放市场,2000年又推出 Spartan-XL(2.5 伏,0.22/0.18 微米集成电路制造工艺)系列可编程逻辑器件。

Spartan 可编程逻辑器件系列采用了 CMOS 和 SRAM 技术,配置信息保存在芯片内部的配置存储器(SRAM,Static Random Access Memory)中,使用 SRAM 控制每个可编程单元,通电以后,配置信息可以通过主动或从动的方式,将配置信息装入芯片的 SRAM 中,芯片完成指定的逻辑功能。SRAM 的结构如图 4.24 所示。

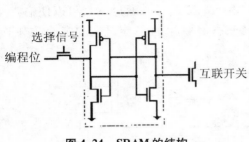

图 4.24 SRAM 的结构

对其中一位编程时,Select 为高电平,Tp:on。如果编程数据位为逻辑"0",则 T4:off,T3:on,输出 OUT 为逻辑"1",T1:off,T2:on。编程结束时,Select 为低电平,Tp:off,SRAM 的输出 OUT 保持为逻辑"1",控制 Ts:on。反之,Ts:off。

使用 SRAM 控制每个可编程开关,如图 4.25 所示。

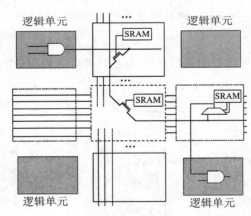

图 4.25 SRAM 控制每个可编程单元

编程后,配置存储器的状态不再发生变化。但电源断开时,配置存储器内的信息消失,当接通电源时,需要将配置信息重新输入 FPGA 芯片内的配置存储器。

部分 Spartan 可编程逻辑器件系列的型号和包含的寄存器数量以及逻辑门的密度如表 4.3 所示。

部分 Spartan-Ⅱ 可编程逻辑器件系列的型号和包含的寄存器数量以及逻辑门的密度如表 4.4 所示。

表 4.3 Spartan 可编程逻辑器件系列

	XCS05	XCS10	XCS20	XCS30	XCS40
系统门数	5 000	10 000	20 000	30 000	40 000
CLB 个数	100	196	400	576	784
触发器个数	360	616	1 120	1 536	2 016

表 4.4 Spartan-Ⅱ 可编程逻辑器件系列

	XC2S15	XC2S30	XC2S50	XC2S100	XC2S150
逻辑单元个数	432	972	1 728	2 700	3 888
CLB 个数	96	216	384	600	864
RAM 容量	16 384	24 576	32 768	40 960	49 152
系统门数	15 000	30 000	50 000	100 000	150 000

1. Spartan 可编程逻辑器件系列结构

Spartan 可编程逻辑器件主要由可编程逻辑单元(CLB,Configurable Logic Block)、连线通道(Routing Channel)和可编程输入/输出单元(IOB,Input/Output Block)组成,如图 4.26 所示。每个 CLB 都可以配置成实现一定逻辑功能的单元

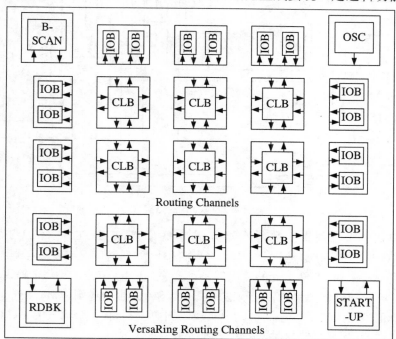

图 4.26 Spartan 系列可编程逻辑器件结构图

逻辑电路，CLB之间通过连线通道连接在一起实现复杂的逻辑功能，IOB实现芯片的输入/输出信号与其他外部各种信号的相匹配的接口，当Spartan系列芯片的输入/输出管脚定义成输出管脚时，每个输出管脚能够承受12 mA的灌电流。

（1）可编程逻辑单元（CLB）

每个CLB主要由3个组合逻辑函数发生器、2个触发器和2组多路选择器组成，如图4.27所示。每个CLB有13个输入信号、4个输出信号。

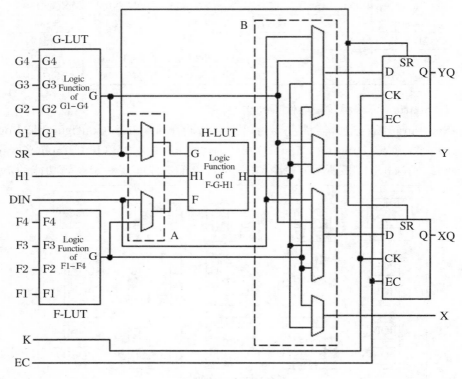

图4.27　CLB的结构

其中3个组合逻辑函数发生器分别为G-LUT、F-LUT和H-LUT，查找表（LUT，Look Up Table）是一个1 bit的存储单元阵列，其存储单元的地址线就是CLB的输入。1 bit存储单元的输出就是查找表的输出。一个有k个输入的LUT对应着$2^k \times 1$ bits存储单元，对于任意的k个输入的组合逻辑，都可以通过将逻辑函数的真值表写入对应的存储单元中实现。例如，一个有4个输入的LUT对应着$2^4 \times 1$ bits=16 bits存储单元，如图4.28所示。

当用户通过原理图或硬件语言描述了一个逻辑电路以后，FPGA开发软件会自动计算逻辑电路的所有可能的结果,并把结果事先写入 RAM,这样,每输入一个信号进行逻辑运算就等于输入一个地址进行查表,找出地址对应的内容。

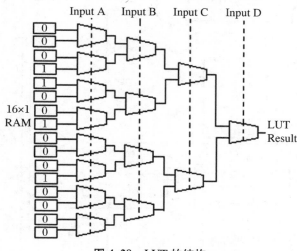

图 4.28　LUT 的结构

G-LUT 和 F-LUT 分别能够实现任何一个 4 个输入变量的布尔逻辑函数,H-LUT 能够实现任何一个 3 个输入变量的布尔逻辑函数,通过对 A 组多路选择器编程,将 G-LUT、F-LUT 和 H-LUT 组合起来,能够实现任何一个 9 个输入变量的布尔逻辑函数。

每个 CLB 有 2 个触发器,以便实现时序逻辑功能。这 2 个触发器有公共的时钟(CK)、时钟允许(EC)和复位/置位控制信号。

通过对 B 组多路选择器编程,可以将 G-LUT、F-LUT 和 H-LUT 的输出信号直接输出(输出信号分别为 X 和 Y),也可以将 G-LUT、F-LUT 和 H-LUT 的输出信号经过 2 个触发器,完成时序逻辑功能。

CLB 的逻辑函数发生器 G-LUT 和 F-LUT 也可以作为 RAM 使用。

(2) 输入/输出单元(IOB)

每个 I/O 管脚都有一个可编程输入/输出单元,输入/输出单元的内部电路原理图如图 4.29 所示。

通过编程可以使输入/输出管脚分别定义成输入信号、输出信号、寄存器输入信号、寄存器输出信号、三态信号,也能够定义成固定的低电平和高电平。

(3) 连线通道

可编程开关矩阵(PSM,Programmable Switch Matrix)和金属连线将 CLB 和

IOB 的信号连接起来,完成指定的逻辑功能,内部连线通道的结构如图 4.30 所示。

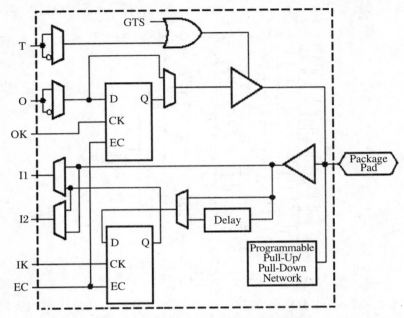

图 4.29 输入/输出单元的内部电路原理图

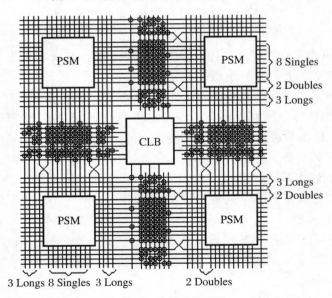

图 4.30 内部连线通道

有三种类型的连线：连线（SLL，Single-Length Line）、双倍长连线（DLL，Double-Length Line）和长连线（Long Line）。每个 CLB 在垂直和水平方向上有 8 根连线，一般连线用于连接局部区域之间的信号；双倍长连线的长度是连线的两倍，跨越两个 CLB，主要用于连接中长距离的信号，连线和双倍长连线通过 PSM 接通其他连线；长连线由穿过整个芯片内部的垂直和水平的金属线组成，长连线由全局缓冲驱动器驱动，实现具有多扇出能力的信号连接，每个长连线的中间有个可编程开关，可以将长连线分成两根长连线，连接更多的信号。

可编程开关矩阵（PSM）的开关由晶体管完成，每个水平连线和垂直连线的交汇点处，有 6 个晶体管，实现信号的连接，如图 4.31 所示。

（4）CLB 配置成存储器

CLB 的逻辑函数发生器 G-LUT 和 F-LUT 也可以作为 RAM 使用，可以配置成单端口（Single-Port）RAM 或双端口（Dual-Port）RAM。

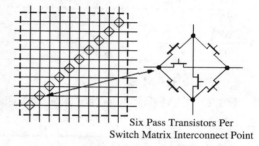

图 4.31 可编程开关矩阵（PSM）的结构

配置成单端口 RAM 模式时，一个 CLB 可以配置成 16×1、$(16 \times 1) \times 2$ 或 32×1 RAM 阵列；双端口 RAM 模式时，一个 CLB 可以配置成 16×1 RAM 阵列。

① 单端口 RAM 模式

单端口 RAM 模式的原理框图如图 4.32 所示。

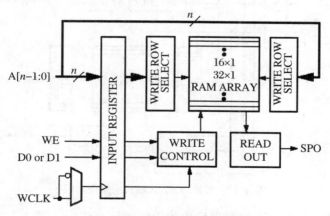

图 4.32 单端口 RAM 模式的原理框图

单端口 RAM 模式时,原来 CLB 的信号作为单端口 RAM 的数据总线、地址总线和读写数据控制总线,例如,CLB 的输入信号 G4～G1 作为 RAM 地址总线,具体的对应关系如表 4.5 所示。

表 4.5　CLB 的信号与 RAM 的信号的对应关系

RAM 信号	功　　能	CLB 信号
D	数据输入	DIN 或 H1
A[3:0]	地址	F1～F4 或 G1～G4
A4(32×1)	地址	H1
WE	写允许控制信号	SR
WCLK	时钟	K
SPO	数据输出	Fout 或 Gout

② 双端口 RAM 模式

双端口 RAM 模式的原理框图如图 4.33 所示。

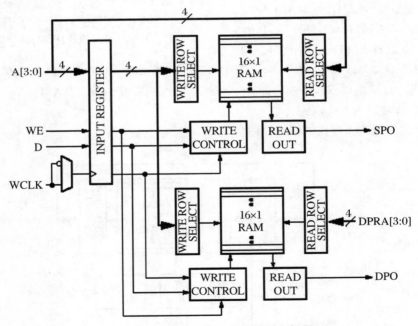

图 4.33　双端口 RAM 模式的原理框图

双端口 RAM 模式时,写数据操作使用的地址总线为 A[3:0],读数据操作使用的地址总线为 DPRA[3:0],由于读写数据操作的地址和数据总线不同,因此,在满足正确读写数据操作的逻辑关系时,可以同时执行读写数据操作,提高了对 RAM 读写数据操作的速度。CLB 的信号与 RAM 的信号的对应关系如表 4.6 所示。

表 4.6 CLB 的信号与 RAM 的信号的对应关系

RAM 信号	功 能	CLB 信号
D	数据输入	DIN
A[3:0]	单端口 RAM 指针 单端口 RAM 和双端口 RAM 的写数据指针	F1~F4
DPRA[3:0]	双端口 RAM 的读数据地址	G1~G4
WE	写允许控制信号	SR
WCLK	时钟	K
SPO	单端口 RAM 的数据输出	Fout
DPO	双端口 RAM 的数据输出	Gout

2. Spartan-Ⅱ可编程逻辑器件系列结构

(1) Spartan-Ⅱ系列 FPGA 结构

Xilinx 公司推出 Spartan(5.0 伏)和 Spartan-XL(3.3 伏)系列可编程逻辑器件后,又推出 Spartan-Ⅱ(2.5 伏)系列可编程逻辑器件。Spartan-Ⅱ系列 FPGA 主要由可编程逻辑单元(CLBs)、可编程输入/输出单元(IOBs)、延迟锁相环(DDLs,Delay-Locked Loops)、存储器(RAM)和可编程连线通道组成,如图 4.34 所示。

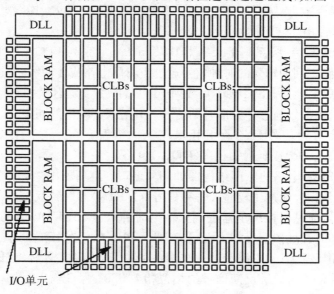

图 4.34 Spartan-Ⅱ系列 FPGA 的结构

(2) CLB 结构

Spartan-Ⅱ系列 FPGA 的每个 CLB 有两个结构相同的单元电路 Slice 和内部三态门电路，每个 Slice 主要由两个具有 LUT 结构的组合逻辑函数发生器、两个触发器和进位逻辑控制电路组成，如图 4.35 所示。

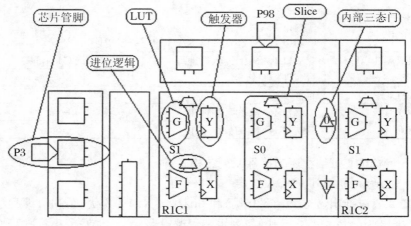

图 4.35　CLB 的结构

每个 CLB 就包含的 4 个 LUT，其中每个 LUT 的输出都可以通过 CLB 内部的可编程布线资源，连接到其他 3 个 LUT 的输入端，以减少在连线上的延迟。

(3) 延迟锁相环(DDLs)

与 Spartan(5.0 伏)系列 FPGA 相比，Spartan-Ⅱ系列 FPGA 增加了延迟锁相环(DDLs)电路。因为输入的时钟信号通过逻辑门电路或传输线时，造成时钟信号延迟，引起时序上混乱。Spartan-Ⅱ系列 FPGA 采用了延迟锁相环(DDLs)电路，保证输入的时钟信号与芯片内部时钟信号上升沿或下降沿的同步。

为了消除时钟信号延迟所引起时序上的混乱，一般都采用锁相环(PLL，Phase-Locked Loop)或延迟锁相环(DDLs)电路。

锁相环(PLL)电路的原理结构图如图 4.36 所示。图中的控制电路由滤波器和相位检测器组成，通过比较输入时钟信号(CLKIN)和时钟反馈信号(CLKFB)，产生控制信号，通过压控振荡器去调整输出时钟信号(CLKOUT)的频率，直到输入时钟信号和时钟反馈信号的边沿同步，然后 PLL 处于"锁定"状态。

延迟锁相环(DDLs)电路是通过在输入时钟信号传输的路径上插入延迟单元，达到输入时钟信号与时钟反馈信号的相位相差 360°，保证输入时钟信号和时钟反馈信号的边沿同步。

简单的延迟锁相环(DDLs)电路的原理结构图如图 4.37 所示。延迟锁相环电路由控制电路和可调整的延迟线组成,控制电路由滤波器和相位检测器组成,通过比较输入时钟信号(CLKIN)和时钟反馈信号(CLKFB),产生控制信号,通过可调整延迟线去调整输出时钟信号延迟时间,直到输入时钟信号和时钟反馈信号的边沿同步。

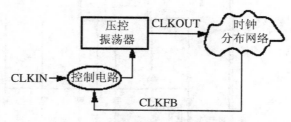

图 4.36　锁相环(PLL)电路的结构

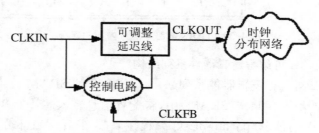

图 4.37　延迟锁相环(DDLs)原理

Spartan-Ⅱ系列 FPGA 的延迟锁相环(DDLs)电路采用了一些数字电路的延迟元件作为可调整延迟线电路,如图 4.38 所示,选择时钟信号的延迟控制参数,调整输出时钟信号延迟时间。

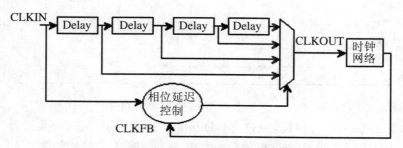

图 4.38　延迟锁相环(DDLs)电路原理图

Spartan-Ⅱ系列 FPGA 的延迟锁相环(DDLs)电路实现输入时钟信号的边沿

与到达 Spartan-Ⅱ 系列 FPGA 芯片内部触发器的时钟信号的边沿同步,DDLs 电路与芯片内部的连接如图 4.39 所示。

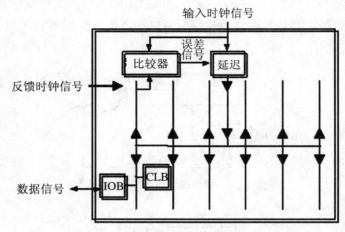

图 4.39　DDLs 电路与芯片内部的连接

3. Spartan-3E 可编程逻辑器件系列结构

Spartan-3E 可编程逻辑器件系列采用了 CMOS 和 SRAM 技术,配置信息保存在芯片内部的配置存储器(SRAM)中,将配置信息装入芯片的 SRAM 中,芯片完成指定的逻辑功能。Spartan-3E 可编程逻辑器件系列的部分参数如表 4.7 所示。

表 4.7　Spartan-3E 系列 FPGA 的部分参数

	XC3S100E	XC3S250E	XC3S500E	XC3S1200E	XC3S1600E
系统门数	100 K	250 K	500 K	1 200 K	1 600 K
等效逻辑单元	2 160	5 508	10 476	19 512	33 192
RAM 容量(bits)	360	616	1 120	1 536	2 016
乘法器个数	4	12	20	28	36
DCM 个数	2	4	4	8	8
最大 I/O 个数	108	172	232	304	376

Spartan-3E 系列 FPGA 主要由可编程逻辑单元(CLBs)、可编程输入/输出单元(IOBs)、数字时钟管理模块(DCM,Digital Clock Managers)、乘法器、存储器(RAM)和可编程连线通道组成,Spartan-3E 系列 FPGA 的结构如图 4.40 所示。

(1) CLB 结构

四个能够实现基本组合逻辑和时序逻辑的基本逻辑单元(Slices)组成一个可

配置逻辑单元(CLB),如图 4.41 所示。

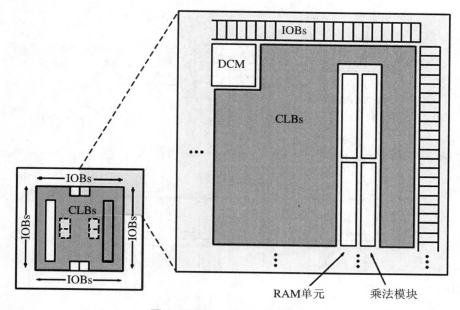

图 4.40 Spartan-3E 系列结构

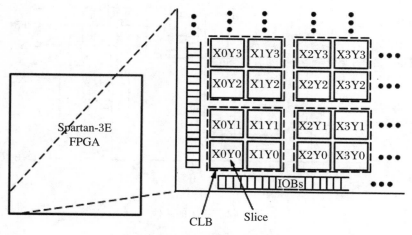

图 4.41 可配置逻辑单元(CLB)

每个 Slice 包含两个查找表(LUTs)结构和两个触发器。两个查找表(LUTs)结构能够实现 16×1 bit 存储器、16-bit 移位寄存器(SRL16)、带进位的算术组合逻辑功能,如图 4.42 所示。

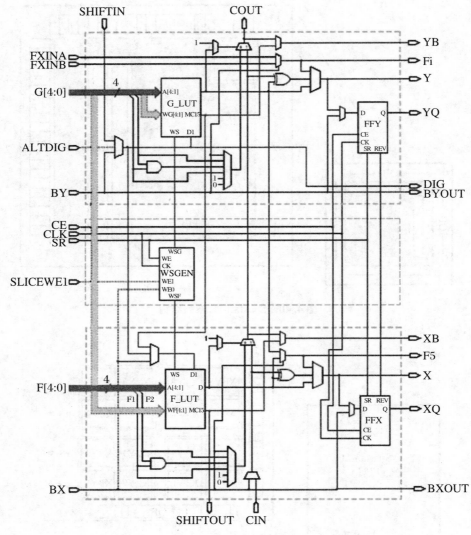

图 4.42 Slice 的结构

(2) IOB 结构

输入/输出单元(IOB)提供了 FPGA 的内部信号与 FPGA 芯片管脚之间的可编程的双向接口,如图 4.43 所示。输入/输出单元主要分三个主要通道,分别是输出通道、输入通道和三态控制通道,通过编程可以使输入/输出管脚分别定义成输入信号、输出信号、寄存器输入信号、寄存器输出信号、三态信号,也能够定义成固定的低电平和高电平。

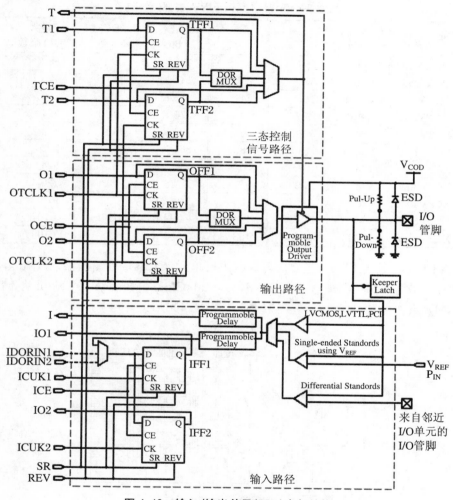

图4.43 输入/输出单元(IOB)内部结构

4.3.4 Virtex-Ⅱ可编程逻辑器件结构

Xilinx公司的Virtex系列FPGA包括Virtex、Virtex-E、Virtex-Ⅱ、Virtex-Ⅱ Pro、Virtex-3、Virtex-4、Virtex-5。

Virtex-Ⅱ系列 FPGA 采用了 CMOS 和 SRAM 技术,配置信息保存在芯片内部的 SRAM 中,将配置信息装入芯片的 SRAM 中,芯片完成指定的逻辑功能。Virtex-Ⅱ系列 FPGA 的部分参数如表 4.8 所示。

表 4.8 Virtex-Ⅱ系列 FPGA 的部分参数

器件型号	系统门数	Slices	乘法单元数	RAM 容量(bits)	DCM 个数	最大 I/O 个数
XC2V40	40 K	256	4	72 K	4	88
XC2V80	80 K	512	8	144 K	4	120
XC2V250	250 K	1 536	24	432 K	8	200
XC2V500	500 K	3 072	32	576 K	8	264
XC2V1000	1 M	5 120	40	720 K	8	432
XC2V1500	1.5 M	7680	48	864 K	8	528
XC2V2000	2 M	10752	56	1 008 K	8	624
XC2V3000	3 M	14 336	96	1 728 K	12	720
XC2V4000	4 M	23 040	120	2 160 K	12	912
XC2V6000	6 M	33 792	144	2 592 K	12	1 104
XC2V8000	8 M	46 592	168	3 024 K	12	1 108

Virtex-Ⅱ系列 FPGA 主要由可编程逻辑单元(CLBs)、可编程输入/输出单元(IOBs)、数字时钟管理模块(DCM,Digital Clock Managers)、随机存储器(RAM)、乘法器和可编程连线通道组成,如图 4.44 所示。

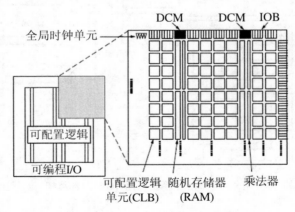

图 4.44 Virtex-Ⅱ系列 FPGA 结构

(1) CLB 结构

四个能够实现基本组合逻辑与时序逻辑的基本逻辑单元(Slices)和两个三态

缓冲器组成一个可配置逻辑单元(CLB)。每个 CLB 还有内部快速互联资源和连接到通用连线资源的开关矩阵,如图 4.45 所示。四个 Slices 分为两列,每一列都有独立的进位链和一个公共的移位连线。

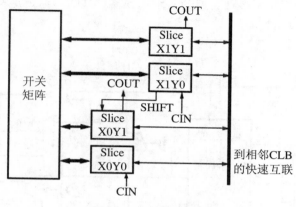

图 4.45 CLB 的结构

每个 Slice 包含两个四输入的查找表(G 和 F)结构和两个寄存器(Register)单元。两个查找表结构能够实现 16×1 bit 存储器、16-bit 移位寄存器(SRL16)、带进位的算术组合逻辑功能,Slice 的结构如图 4.46 所示。

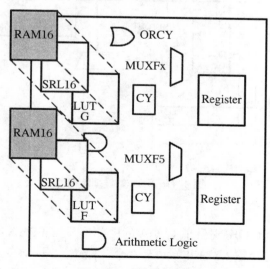

图 4.46 Slice 的结构

两个四输入的查找表(G和F)结构能够实现四输入的任意组合逻辑,配合输入进位逻辑选择器以实现超前进位逻辑功能。两个寄存器单元能够配置成D型触发器或电平触发的锁存器,实现时序逻辑功能,Slice的详细结构如图4.47所示。每个Slice中提供了多种类型的多路选择器(MUX),通过这些多路选择器可以实现多输入的逻辑功能。

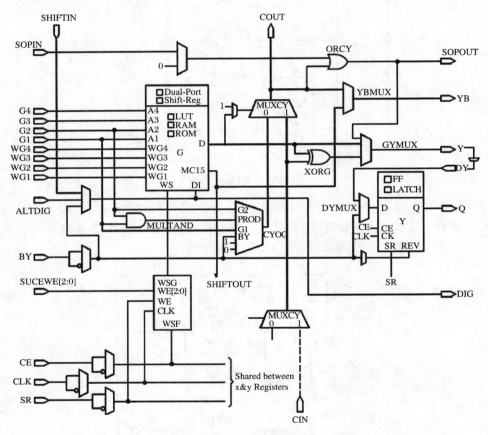

图4.47 Slice的详细结构

(2) IOB结构

输入/输出单元(IOB)提供了FPGA的内部信号与FPGA芯片管脚之间的可编程的双向接口,每个输入/输出单元有六个存储单元,每个存储单元能够配置成边沿D型触发器或电平触发器,还可以成对实现双倍数据速率(DDR,Double Data Rate)的输入和输出,如图4.48所示。

双倍数据速率(DDR,Double Data Rate)的输入和输出通过两个寄存器来完成,两个寄存器的时钟信号分别为不同的时钟信号,时钟信号可以来自数字时钟管理模块(DCM)的时钟信号,这两个时钟信号的相位相差180°,如图4.49所示。每个输入、输出和三态控制通路都有两个输入信号,可以通过时钟来切换。

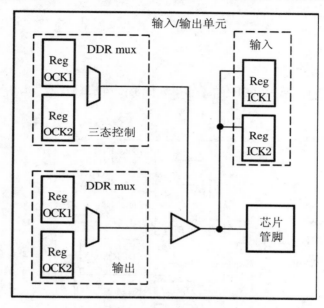

图4.48 输入/输出单元

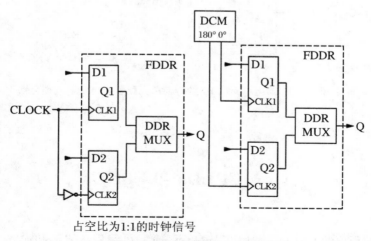

图4.49 双倍数据速率(DDR)的寄存器

每个输入/输出单元(IOB)的触发器都能够配置如下几种形式：
- 无置位或复位；
- 同步置位；
- 同步复位；
- 同步置位和复位；
- 异步置位；
- 异步复位；
- 异步置位和复位。

每个输入/输出单元(IOB)的存储单元能够配置成触发器或锁存器，如图 4.50 所示。

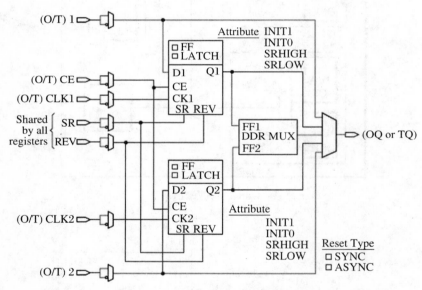

图 4.50　输入/输出单元(IOB)的存储单元配置成触发器或锁存器

4.4　CPLDs 和 FPGAs

基于乘积项的 CPLDs 由通用逻辑单元、全局可编程布线区和输入/输出单元组成，如图4.51所示。CPLD中的逻辑单元包含了比较多的输入信号，而且，根据信号的传输路径，能够计算出信号的延迟时间，这对设计高速逻辑电路非常重要。编程通过EPROM、EEPROM或Flash实现，当电源断开以后，编程数据仍然保存在CPLDs芯片中。与FPGAs相比，包含的寄存器的数量却比较少。因此，CPLDs分解组合逻辑的功能很强，一个宏单元就可以完成十几或更多组合逻辑输入，CPLDs适合于设计译码器等复杂的多输入组合逻辑。

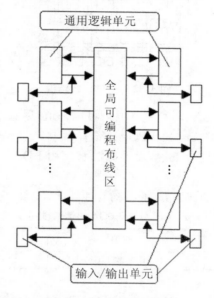

图4.51　CPLDs的结构

　　FPGAs由逻辑单元、可编程内部连线资源和输入/输出单元组成，如图4.52所示。逻辑单元采用查找表(LUT)结构和触发器完成组合逻辑功能和时序功能。FPGA的逻辑单元中的一个查找表(LUT)单元只能处理四个输入的组合逻辑输入，但是，FPGA包含的LUT和触发器的数量非常多，所以如果设计中，使用到大量的寄存器和触发器，例如，设计一个复杂的时序逻辑，使用FPGAs是一个不错的选择。FPGA的配置数据存放在静态随机存储器(SRAM)中，即FPGA的所有逻辑功能块、接口功能块和可编程内部连线(PI)的功能都由存储在芯片上的SRAM中的编程数据来定义。断电之后，SRAM中的数据会丢失，所以每次接通电源时，由微处理器来进行初始化和加载编程数据，或将实现电路的结构信息保存在外部存储器(EPROM)中，FPGA由EPROM读入编程信息。由SRAM中的各位存储信息控制可编程逻辑单元阵列中各个可编程点的通断，从而达到现场可编程的目的。

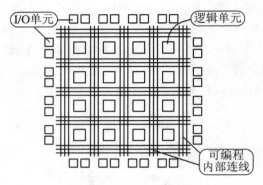

图 4.52 FPGAs 的结构

根据 CPLDs 和 FPGAs 的结构和原理可以知道，尽管 CPLDs 与 FPGAs 在某些方面有一些差别，CPLDs 和 FPGAs 都有各自的优势和劣势，但是对使用 CPLDs 或 FPGAs 的设计者来说，设计方法和使用 EDA 软件的设计过程都是相似的。

表 4.9 列出了 CPLD、FPGA 的结构与性能比较。

表 4.9 CPLD 和 FPGA 的结构、性能对照

	CPLD	FPGA
集成规模	小（最大数万门）	大（最高达百万门）
单元粒度	大（PAL 结构）	小（PROM 结构）
互联方式	纵横	分段总线、长线、专用互联
编程工艺	EPROM、EEPROM、Flash	SRAM
触发器数	少	多
单元功能	强	弱
速度	高	低
管脚-管脚延迟	确定，可预测	不确定，不可预测
功耗/每个逻辑门	高	低

CPLDs 与 FPGAs 相比，FPGAs 包含更多的等效逻辑门，如图 4.53 所示，能够实现需要大量的寄存器才能够完成的复杂运算和时序逻辑电路。

其实，CPLD 与 FPGA 之间的界限并非不可逾越。上面介绍的 ALERA 公司的产品中，FLEX8000 和 FLEX10K 系列就是介于二者之间的产品，它们采用查表结构的小单元，SRAM 编程工艺，其每片所含的触发器数很多，可达到很大的集成规模，这些都与典型的 FPGA 相一致，因此，有人将它们归于 FPGA，但这两种器件

的速度较高且管脚-管脚的延时可确定、可预置,因而又具有 CPLD 的特点,又有人将它们归于 CPLD。将它们归于哪一类并不十分重要,重要的是要充分了解每一种器件的基本单元和互联结构及编程工艺的基本原理,灵活运用和发挥这些可编程逻辑器件的特征。

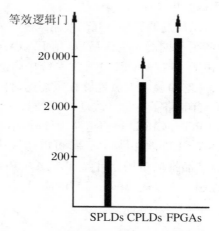

图 4.53　CPLDs 和 FPGAs 的等效逻辑门

因此,在决定是使用 CPLD 还是使用 FPGA 逻辑器件之前,应该考虑需要完成具体设计的逻辑功能和需要占用的逻辑资源,然后根据 CPLDs 和 FPGAs 的特点,选择出合适的器件。

CPLD 适合完成复杂的状态机和多输入的组合逻辑,例如,存储器和总线控制器、编码和译码器等,因为一个逻辑单元就可以实现十几个甚至几十个输入的组合逻辑,而一般的 FPGA 一个查找表(LUT)只能够实现四个输入的组合逻辑;FPGA 的制造工艺确定了 FPGA 芯片中包含的查找表(LUT)和触发器数量比较多,因此,如果设计中需要使用到大量的寄存器和触发器来完成复杂的时序逻辑,则使用 FPGA 就是一个很好的选择,例如,PCI 总线控制器、加法器、CPU、DSP 和计数器等。

可编程逻辑器件能做什么呢? 逻辑器件提供特定的功能,包括器件与器件间的接口、数据通信、信号处理、数据显示、定时和控制操作以及系统运行所需要的所有其他功能。可以毫不夸张地讲,可编程逻辑器件能完成任何数字器件的功能,上至高性能 CPU,下至简单的像 74LS 或 CMOS4000 系列小规模通用数字逻辑电路,都可以用可编程逻辑器件来实现。可编程逻辑器件如同一张白纸、一堆积木或一个电子元件仓库,工程师可以通过传统的原理图输入法,或是硬件描述语言自由地设计一个数字系统。通过软件仿真,可以事先验证设计的正确性。在 PCB 完成以后,还可以利用 CPLD 的在线修改能力,随时修改设计而不必改动硬件电路。使用可编程逻辑器件来开发数字电路,可以大大缩短设计时间,减少 PCB 面积,提高整个系统的可靠性。可编程逻辑器件的这些优点使得可编程逻辑器件技术在 20 世纪 90 年代以后得到飞速发展和应用。

由于电路设计人员可以反复地编程、擦除、使用或者在外围电路不动的情况下用写入不同的程序就可实现不同的功能。所以,用 FPGA/CPLD 试制样片,能以最快的速度占领市场。由于 FPGA/CPLD 开发系统中带有许多输入工具和仿真工具以及编程工具等产品,电路设计人员能够在很短的时间内就可以完成电路的输入、综合、优化、仿真。当电路需要少量改动时,更能显示出 FPGA/CPLD 的优势。电路设计人员使用 FPGA/CPLD 进行电路设计时,不需要具备专门的集成电路深层次的知识,FPGA/CPLD 软件易学易用,可以使设计人员能集中更多的精力进行电路设计,快速将产品推向市场。目前,FPGA/CPLD 在数字系统设计、通信、仪器仪表和计算机控制等许多领域都有广泛的应用。

4.5 基于可编程逻辑器件数字系统的设计流程

随着计算机与微电子技术的发展,电子设计自动化(EDA,Electronic Design Automation)和可编程逻辑器件的发展都非常迅速,熟练地利用 EDA 软件进行 PLD 器件开发已成为电子工程师必须掌握的基本技能。先进的 EDA 工具已经从传统的自下而上的设计方法改变为自顶向下的设计方法,以硬件描述语言来描述系统级设计,并支持系统仿真和高层综合。ASIC 的设计与制造,电子工程师在实验室就可以完成,这都得益于 PLD 器件的出现及功能强大的 EDA 软件的支持。

使用 CPLD 或 FPGA 芯片设计电子系统时,一般都需要借助 CPLD 或 FPGA 制造公司所提供的开发系统来完成,例如,Altera 公司提供的 MAX PLUS Ⅱ 和 Quartus 开发系统、Lattice 公司提供的 ispDesign Expert 开发系统、Xilinx 公司提供的 Foundation 和 ISE 开发系统。

CPLD/FPGA 设计越来越复杂,使用硬件描述语言设计可编程逻辑电路已经成为大势所趋,目前最主要的硬件描述语言是 VHDL 和 Verilog HDL。两种语言都已被确定为 IEEE 标准。

完成整个设计需要以下几个步骤：

(1) 用硬件描述语言 VHDL、Verilog 或电路原理图的方式输入需要完成的逻辑电路。使用逻辑综合工具，将源文件调入逻辑综合软件进行逻辑分析处理，即将高层次描述(行为或数据流级描述)转化为低层次的网表输出(寄存器与门级描述)，逻辑综合软件会生成 EDIF(Electronic Design Interchange Format)格式的 EDA 工业标准文件。这些文件是用户的设计中使用各种逻辑门以及这些逻辑门之间的连接的描述。这步在 PLD 开发过程中最为关键，影响综合质量的因素有两个，即代码质量和综合软件性能。

(2) 使用实现工具(Implementation Tools)将这些逻辑门和内部连线映射到 FPGA 或 CPLD 芯片中。实现工具包括映射工具(Mapping Tool)和布局布线工具(Place & Route Tool)。映射工具把逻辑门映射到 FPGA 芯片中的查找表(LUTs)单元或 CPLD 芯片中的通用逻辑单元(GLBs)，布局布线工具将这些逻辑门和逻辑单元连接在一起，实现复杂的数字逻辑系统。

(3) 时序仿真。由于不同的器件、不同的布局布线，造成不同的延时，因此对系统进行时序仿真，检验设计性能，消除竞争冒险是必不可少的步骤。

(4) 上述过程完成后，开发系统提取 CPLD 或 FPGA 的连接开关和连接开关矩阵的状态，并且生成对应于连接开关断开和接通的 1 和 0 的熔丝图或 BIT 流文件。

(5) 将 BIT 流文件或熔丝图文件下载到 FPGA 或 CPLD 芯片中，在硬件上实现设计者用电路原理图或硬件描述语言描述的设计。

整个设计的步骤如图 4.54 所示。

上面提到的综合(Synthesis)定义为"设计描述的一种形式向另一种描述形式的转换"。综合工具就是帮助设计者进行这种转换的软件工具。

用于 FPGA 和 CPLD 的综合工具有 Cadence 的 Synplify、Synopsys 公司的 FPGAexpress 和 FPGA Compiler、Mentor 公司的 Leonardo Spectrum 等，一般来说不同的 FPGA 厂商提供了适用于自己的 FPGA 电路的专用仿真综合工具。

使用 CPLD 或 FPGA 芯片设计电子系统时，要综合考虑面积和速度的平衡。这里"面积"指一个电路设计所消耗 FPGA/CPLD 的逻辑资源的数量，对于 FPGA 可以用所消耗的触发器(FF)和查找表(LUT)的数量来衡量，更一般的衡量方式可以用设计所占用的等价逻辑门数来衡量。而"速度"指设计在芯片上稳定运行时，所能够达到的最高频率，这个频率由设计的时序、时钟周期、芯片管脚到管脚的延迟时间等众多时序参数决定。面积和速度这两个指标贯穿着 FPGA/CPLD 设计的始终，是设计质量评价的标准。

一个同时具备设计面积最小、运行频率又最高是不现实的。设计目标应该是在满足设计时序要求（包含对设计频率的要求）的前提下，占用最小的芯片面积。或者在所规定的面积下，使设计的时序余量更大，频率跑得更高。这两种目标充分体现了面积和速度平衡的思想。如果设计的时序余量比较大、运行频率比较高，意味着设计的健壮性更强，整个系统的质量更有保证；另一方面，设计所消耗的面积更小，则意味着在单位芯片上实现的功能模块更多，需要的芯片数量更少，整个系统的成本也随之大幅度削减。

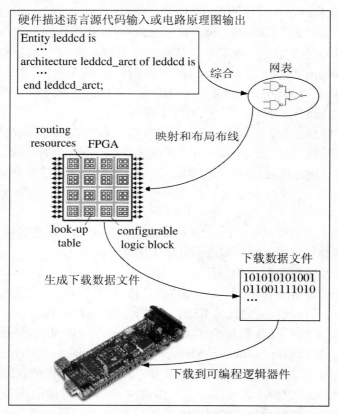

图 4.54 基于可编程逻辑器件的数字系统的设计流程

作为矛盾的两个组成部分，面积和速度的地位是不一样的。相比之下，满足时序、工作频率的要求更重要一些，当两者冲突时，采用速度优先的准则。

4.6 可编程逻辑器件的发展趋势

CPLD/FPGA 是近几年集成电路中发展最快的产品。由于 CPLD 性能的高速发展以及设计人员自身能力的提高,可编程逻辑器件供应商将进一步扩大可编程芯片的应用领域,将复杂的专用芯片挤向高端和超复杂应用。

什么原因使 PLD 发展如此之快? 这主要是依赖通信和网络产品市场的飞速发展,而这一领域正是 CPLD/FPGA 最大的应用市场。通信和网络的协议变化很快。CPLD/FPGA 供应商一直把提高产品的设计功能和灵活性作为中心任务,CPLD/FPGA 正是发挥了现场可编程的特点、绕过定制集成电路的复杂环节,极大地缩短了新产品上市时间、提高了设计和使用的灵活性。因为通信和网络产品的利润比较高,也因为 CPLD/FPGA 器件工艺复杂,因此 CPLD 一直被认为是只能应用于高档产品,如通信产品和专业图像处理设备。但是随着半导体工艺的发展,CPLD 芯片的成本已越来越低,甚至已经可以与 ASCI 芯片和标准集成电路相互竞争,这使得 CPLD 的应用领域不断扩大,反过来,又进一步加速了 CPLD/FPGA 产品的发展。

1. 向更高密度、更大容量可编程逻辑器件发展

目前可编程逻辑器件的发展趋势主要体现在:继续向更高密度、更大容量迈进,"为吸引用户采用 CPLD/FPGA 进行设计,可编程芯片供应商始终在寻找提高设计功能和灵活性的方法"。FPGA 已开始接近 1 000 万门的规模,这似乎已经达到用户的要求或设计能力的极限。但这些高端 CPLD/FPGA 供应商仍不以此为满足。对新型最高密度器件的需求有增无减,CPLD/FPGA 市场中的领先供应商的发展速度高于其他市场。

大容量 CPLD/FPGA 是市场发展的焦点。在 CPLD/FPGA 产业中,Altera 和 Xilinx 两大公司在超大容量的 CPLD/FPGA 上展开了激烈的竞争。

当然低密度 PLD 依然走俏。低密度的产品以 Altera 的 MAX7000/3000、Lattice 的 ispLSI2000、Xilinx 的 XC9500 为代表。值得注意的是,销售量最大的产品,其容量也在不断加大。最新产品的容量将达到 128 或 256 个宏单元。这些产品的价格正在下降,很显然它们将成为市场的最新热点。此外,同一封装尺寸的 256、384 和 512 宏单元的器件也已经上市。这些产品简化了升级过程,最小化了引脚上的脉冲和器件在电路板上的占位面积。随着集成电路迅速制造工艺技术的发展,256 宏单元产品越来越引人注目,性价比变得更具吸引力。

2. 低电压可编程逻辑器件增多

由于半导体工艺的原因,低电压供电的集成电路比传统 5 伏供电的集成电路成本更低、规模更大、性能更好,所以各大半导体公司都将 3.3 伏、2.5 伏等低电压供电的集成电路作为推广重点。CPLD/FPGA 等产品已广泛采用 3.3 伏、2.5 伏甚至 1.8 伏、1.5 伏供电,多数器件管脚可以兼容 5 伏 TTL 电平。CPLD/FPGA 业界推出的低电压器件逐渐成为主流器件,最新推出的 PLD 产品同时具有低电压、低功耗的共同特点。

其中 5 伏供电的集成电路的输出能够驱动 3.3 伏供电的集成电路的输入;3.3 伏供电的集成电路的输出能够驱动 5 伏供电的 TTL 集成电路的输入,如图 4.55 所示。

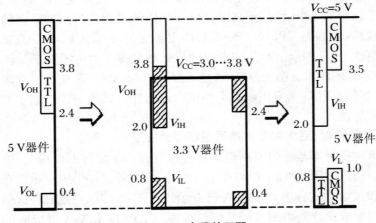

图 4.55 电平的匹配

3. IP 内核进一步发展

IP(Intellectual Property)内核(Core)得到进一步发展,IP 内核是已经设计好的和经过验证证明是正确的单元电路或模块。IP 又可以分为硬核和软核。硬核是经过实际工艺流片验证后的集成电路板图;软核是设计好的和经过验证证明是正确的逻辑描述(例如,硬件描述语言代码)、网表和测试文档。

由于通信系统越来越复杂,基于 CPLD/FPGA 的数字系统设计也更加庞大,这促进了设计人员对 IP 核的需求。PLD 供应商也越来越重视 IP 库的建设,设计人员可利用这些预定义和预测试的软件模块在 PLD 内迅速实现系统功能。IP 核心包括从复杂数字信号处理算法和存储器控制器直到总线接口和成熟的软件微处理器在内的一切。此类 IP 核心为设计人员节约了大量时间和费用，否则，设计人员可能需要数月的时间才能实现这些功能，而且还会进一步延迟产品推向市场的时间。各大厂家继续开发新的 IP，PLD 现在有越来越多的核心技术（IP）库的支持，并且开始提供"硬件"IP，即将一些功能在出厂时就固化在芯片中，采用 IP 核可以减少使用 FPGA/CPLD 时所需要的设计时间，来创造 PLD 的附加值。

Altera 公司还推出一种可加快在 CPLD 内嵌入处理器相关设计的工具，如 SOPC Builder。这种功能与 PC 应用程序中的"引导模板"类似，旨在提高设计者的效率。设计者可以确定所需要的处理器模块和参数，并且据此创建一个处理器的完整存储器映射。设计者还可以选择所需的 IP 外围电路，如存储器控制器、I/O 控制器或定时器模块。

4．可编程的片上系统（SoPC）

可编程的片上系统（SoPC，System-On-a-Programmable-Chip）既有嵌入的处理器、I/O 支持电路，也有 CPLD。嵌入的处理器可以是软核，也可以是硬核，包括 DSP/MCU/ASSP。用户根据应用选择处理器和 I/O，然后就可以编程自己的 SoPC。由此，SoPC 就进入了 DSP/MCU 的应用领域，成为普及的产品。

Altera 公司推出了 32 位 50MIPS 的软核 CPU：Nois。Stratix 器件系列最多可嵌入 28 个专用 DSP 模块。与此同时，Xilinx 也推出与 Nois 相似的软核 CPU：MicroBlaze，与 IBM 公司合作推出了名为 Virtex-II Pro 的 FPGA 平台产品，最多可集成四个 IBM PowerPC 嵌入式微处理器。这两个产品系列在逻辑单元和 RAM 容量上也有大幅提高。究竟哪一种新架构及产品会在高端市场上取胜，还取决于谁的价格更低、设计周期更短以及更容易集成已有的 IP 核等。这些技术的发展将促进 SoPC 的实现。

未来的一块电路板上可能只有这两部分电路：模拟部分（包括电源）和一块 CPLD/FPGA 芯片，最多还有一些大容量的存储器。随着 CPLD/FPGA 规模不断变大，CPU、DSP、更大规模的存储器都已经或即将嵌入 CPLD/FPGA 内。SoPC 的时代，已经离我们不远了。

虽然标准逻辑 ASIC 芯片尺寸小、功能强大、功耗小，但设计复杂，并且有批量要求。可编程逻辑器件价格较低廉，能够在线可编程，但它们体积大、能力有限，而且功耗比 ASIC 大。正因如此，FPGA 和 ASIC 正在走到一起来，互相融合，取长补短。随着一些 ASIC 制造商提供具有可编程逻辑的标准单元，可编程器件制造商重新对标准逻辑单元发生兴趣。而另外一些公司采取两头并进的方法。市场开始发生变化，在 FPGA 和 ASIC 之间正在诞生一种混合产品，以满足成本和上市时间的要求。

朗讯微电子是最近从事这种混合工作的公司之一,该公司宣布推出 ORCA3+ 产品家族,它将 FPGA 和 ASIC 结合在一起。

将标准单元核可编程器件集成在一起并不意味着使 ASIC 更加便宜,或是 FPGA 更加省电。但是,它让设计人员将双方的优点结合在一起。通过去掉 FPGA 的一些功能,设计人员可减少成本和开发时间,并增加灵活性。

Actel 公司采取兵分两路的战略。这家反熔丝 FPGA 供应商的产品有 MX、SX 及新型 eX 系列器件。Actel 与 ASIC 制造商结盟,将为 SoC 设计提供嵌入式 FPGA IP。

Actel 公司推出第一套支持其嵌入 FPGA 策略的产品系列 VariCore,可用于机顶盒或网络领域,并在汽车市场中也存在很大潜力。这些芯片中的可编程部分相当于 3 万~4 万 ASIC 门的规模,其规模将随应用的不同而呈现很大的变化。

Atmel 公司也瞄准了可编程 SoC 市场。它利用微控制器方面的技术,为传统的控制型应用提供低端 8 位方案。Atmel 的现场可编程系统级集成电路(FPSLIC)将 Atmel 的嵌入式 AT40K FPGA 内核与该公司高性能 AVR 8 位 RISC 微控制器组合在一起。

如果想改变设计,或者还没做足够的验证,不妨留一块地方给 CPLD,稍后可以根据要求对它编程。ASIC 设计人员采用小的可编程逻辑内核,用于修改设计问题。这是降低风险的好办法。ASIC 制造商增加可编程逻辑的另一个原因是,事情变化得太快,特别是通信协议。通信芯片是驱使人们将 FPGA 和标准内核结合在一起的另一个原因。

ASIC 和 FPGA 之间的界限正变得模糊。系统级芯片不仅集成 RAM 和微处理器,也集成 FPGA。整个工业都朝这个方向发展。

习 题 4

1. 可编程逻辑器件与 74LS 系列通用集成电路相比,有哪些优点?

2. 一般来说,可编程逻辑器件主要是由可编程逻辑单元、可编程连线资源和可编程输入/输出单元组成。请分别说明这三个基本单元的功能。

3. 采用 CMOS-SRAM 工艺的 FPGA 芯片,芯片依靠什么元件保存其可编程信息?

4. 一个 FPGA 的 I/O 单元结构如图 4.56 所示,该单元可以定义为组合电路输出,也可以定义为时序电路型输出,根据该 I/O 单元结构,分别画出定义为组合电路输出和时序电路型输出时的信号路径。

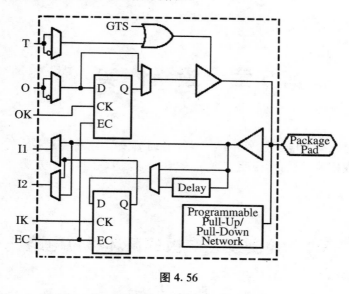

图 4.56

5. 写出基于可编程逻辑器件的数字系统的设计流程。

第 5 章 设 计 实 例

本章通过几个像电子数字钟和异步串行通信接口电路等这样具有一定实际应用价值电路或模块的设计,说明实现用 VHDL 设计数字系统的方法。

5.1 控制发光二极管循环移位电路

(1) 设计一个控制八个发光二极管循环移位方向的电路,在八个发光二极管中,每一时刻只有一个发光二极管导通。

(2) 发光二极管每一秒移动一次,移动方向由按键的状态决定。

八个发光二极管电路原理图如图 5.1 所示,当需要其中一个发光二极管导通时,需要将对应的发光二极管阴极拉成低电平。

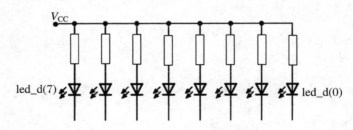

图 5.1 发光二极管电路原理图

控制八个发光二极管循环移位方向的电路的输入和输出端口信号如图 5.2 所示,其中 clk、reset、dir 分别是 50 MHz 时钟、复位和控制发光二极管循环移位方向的输入信号,led_d 是控制八个发光二极管发光的驱动信号。

按键的电路原理图如图 5.3 所示。当按键按下时,控制信号 reset 或 dir 为低电平。

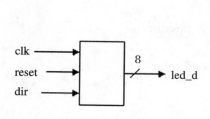

图 5.2 输入和输出端口信号　　图 5.3 按键电路原理图

当复位 reset 信号为低电平时,八个发光二极管中只有一个发光二极管导通。当方向控制信号 dir 为低电平时,导通发光二极管向左移动;当方向控制信号 dir 为高电平时,导通发光二极管向右移动,如图 5.4 所示。

采用 VHDL 语言输入的方式实现控制发光二极管循环移位,其设计原理框图如图 5.5 所示,程序由两个进程组成。

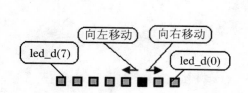
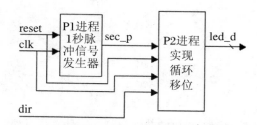

图 5.4 控制发光二极管的移位　　图 5.5 控制发光二极管的原理框图

进程 P1 将 50 MHz 时钟信号分频后,产生秒脉冲信号 sec_p,为发光二极管每一秒移动一次提供时间信号。

进程 P2 实现循环移位和提供八个发光二极管的输出信号,根据秒脉冲信号 sec_p 和方向控制信号 dir 决定是否移位和移位的方向。

控制发光二极管循环移位的程序如下:
```
entity led_shift is
    port (clk,reset,dir: in std_logic;
          led_d: out std_logic_vector(7 downto 0));
end led_shift;
```

```vhdl
architecture Behavioral of led_shift is

signal cnt: integer range 0 to 49999999;
signal led_d_tmp: std_logic_vector(7 downto 0);
signal sec_p: std_logic;

begin

p1:process(clk,reset)
begin
   if (reset = '0') then        --reset 高电平有效
      cnt<=0;
      sec_p<='0';
   elsif (rising_edge(clk)) then
      if (cnt = 49999999) then
         cnt<=0;
         sec_p<='1';
      else
         cnt<=cnt+1;
         sec_p<='0';
      end if;
   end if;
end process p1;

p2:process(clk,reset,dir,sec_p)
begin
   if (reset = '0') then
      led_d_tmp<="11111110";
   elsif (rising_edge(clk)) then
      if(sec_p='1') then
         if (dir = '0') then
            led_d_tmp<=led_d_tmp(6 downto 0) & led_d_tmp(7);
```

            else
                led_d_tmp<= led_d_tmp(0) & led_d_tmp(7 downto 1);
            end if;
        end if;
    end if;
end process p2;

led_d<= led_d_tmp;

end Behavioral;

5.2 数码管数字显示电路

1. 设计要求

(1) 在四个 LED 数码管上分别显示四个数字,例如"0001"。

(2) 每过一秒钟,四个 LED 数码管上显示四个数字循环左移一次。

2. 采用 VHDL 语言输入的方式实现 LED 数码管数字显示电路

实现 LED 数码管数字显示电路的输入和输出端口控制信号如图 5.6 所示。

图 5.6 中的 clk 信号为 50 MHz 时钟信号。

reset 信号为复位按键输入信号,当 reset 按键按下时,reset 信号为低电平。

输出信号 led_bit 为驱动 LED 数码管的位码信号,因为有四个 LED 数码管,需要四根信号线,控制四个 LED 数码管中的哪一个 LED 数码管显示。

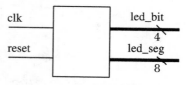

图 5.6 输入和输出端口信号

输出信号 led_seg 为驱动 LED 数码管的段码信号,共有八根信号线,分别是 a,b,c,d,e,f,g,dp 段,输出信号 led_seg 能够控制一个 LED 数码管中的哪一段显示。

四个 LED 数码管的排列如图 5.7 所示。

LED 数码管采用共阳极发光二极管,如图 5.8 所示,需要点亮数码管中的某一段时,应该在对应段的段码信号输出低电平。

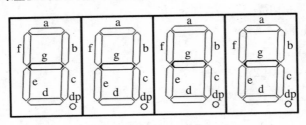

图 5.7　四个 LED 数码管

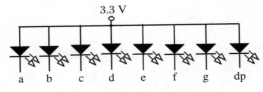

图 5.8　共阳极 LED 数码管

由于每个 LED 数码管有八个发光二极管,八个发光二极管同时导通时需要提供比较大的电流,需要给共阳极加驱动电路,如图 5.9 所示,当需要某一 LED 数码管显示数字时,就给该行的控制信号 led_bit(i) 提供一个低电平信号。

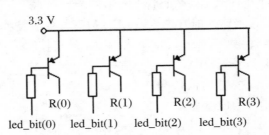

图 5.9　共阳极 LED 数码管的阳极驱动电路原理图

采用 VHDL 语言输入的方式实现 LED 数码管数字循环左移显示电路的原理框图如图 5.10 所示,程序由四个进程和一个七段译码器组成。

进程 P1 将 50 MHz 时钟信号分频后,产生 1 秒脉冲信号 sec_p。

进程 P2 为进程 P3 提供需要循环左移的十进制显示数据。

进程 P3 为进程 P4 提供 LED 数码管动态显示的扫描时序控制信号 scan_cntr。

进程 P4 根据选择扫描时序控制信号、分钟和秒数据信号，决定哪一个数码管显示和显示哪一个数据。程序如下：

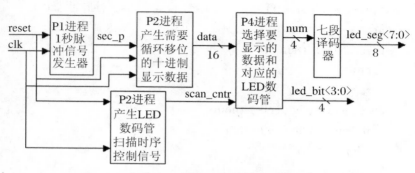

图 5.10　LED 数码管数字循环左移显示电路的原理框图

library IEEE;
use IEEE.STD_LOGIC_1164.ALL;
use IEEE.STD_LOGIC_ARITH.ALL;
use IEEE.STD_LOGIC_UNSIGNED.ALL;

entity led_rot is
　　Port (clk, reset: in STD_LOGIC;
　　　　　led_bit: out STD_LOGIC_VECTOR (3 downto 0);
　　　　　led_seg: out STD_LOGIC_VECTOR (7 downto 0));
end led_rot;

architecture Behavioral of led_rot is

signal cnt: integer range 49999999 downto 0;
signal sec_p: STD_LOGIC;　　　　　　　--1 秒脉冲信号
signal num: STD_LOGIC_VECTOR (3 downto 0);
signal data: STD_LOGIC_VECTOR (15 downto 0);
signal scanclk: STD_LOGIC_VECTOR (17 downto 0);

signal clk_en, rst: std_logic;

```vhdl
begin

    P1:process(clk,reset)                    --产生1秒脉冲 sec_p
begin
    if reset='0' then
        cnt<=0;
        sec_p<='0';
    elsif rising_edge (clk) then
        if (cnt=49999999) then
            cnt<=0;
            sec_p<='1';
        else
            cnt<=cnt+1;
            sec_p<='0';
        end if;
    end if;
end process P1;

    P2:process(clk,reset)
begin
    if reset='0' then
        data<="0000000000000001";
    elsif rising_edge (clk) then
        if (sec_p='1') then
            data<=data(11 downto 0) & data(15 downto 12);
        end if;
    end if;
end process P2;

    P3: process(clk,reset)
begin
    if reset='0' then
        scanclk<=(others=>'0');
```

```vhdl
    elsif rising_edge (clk) then
       scanclk <= scanclk + 1;
    end if;
end process P3;

P4：process(scanclk)                    --选择对应的 LED 数码管
begin
   case scanclk(17 downto 16) is
      when "00" =>    led_bit <= "1110";
                      num <= data(15 downto 12);
      when "01" =>    led_bit <= "1101";
                      num <= data(11 downto 8);
      when "10" =>    led_bit <= "1011";
                      num <= data(7 downto 4);
      when "11" =>    led_bit <= "0111";
                      num <= data(3 downto 0);
      when others =>  null;
   end case;
end process P4;

--a,b,c,d,e,f,g,dp
   with num select                      --七段译码器
   led_seg <=  "10011111" when "0001",   --1
               "00100101" when "0010",   --2
               "00001101" when "0011",   --3
               "10011001" when "0100",   --4
               "01001001" when "0101",   --5
               "01000001" when "0110",   --6
               "00011111" when "0111",   --7
               "00000001" when "1000",   --8
               "00001001" when "1001",   --9
               "00000011" when others;   --0

end Behavioral;
```

5.3 运动计时器

1. 设计要求

(1) 在四个 LED 数码管上分别显示分钟和秒,计时最长的时间为 59 分 59 秒。

(2) 按下清零按键,在四个 LED 数码管上显示的时间为 00 分 00 秒。

(3) 按下启动/暂停按键,则启动或暂停计时器计时。

2. 采用 VHDL 语言输入的方式实现运动计时器

实现运动计时器电路的输入和输出端口控制信号如图 5.11 所示。

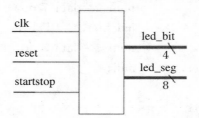

图 5.11 输入和输出端口信号

图中的 clk 信号为 50 MHz 时钟信号。

reset 信号为清零按键输入信号,当 reset 按键按下时,reset 信号为低电平,LED 数码管上显示 00 分 00 秒。startstop 为计时器的启动和暂停按键,当该按键按下时,startstop 信号为低电平,则启动或暂停计时器计时。

输出信号 led_bit 为驱动 LED 数码管的位码信号,控制哪一个 LED 数码管显示。

输出信号 led_seg 为驱动 LED 数码管的段码信号,控制一个 LED 数码管中的哪一段显示。

采用 VHDL 语言输入的方式实现运动计时器,其设计原理框图如图 5.12 所示,程序由七个进程和一个七段译码器组成。

进程 P1 将 50 MHz 时钟信号 clk 分频后,产生 1 秒脉冲信号 sec_p,1 秒脉冲信号的占空比是非对称的,其中高电平的宽度为 50 MHz 时钟信号 clk 的一个周期宽度。为了避免产生门控时钟的现象,秒脉冲信号 sec_p 不是作为分钟和秒计时器的时钟,而是为分钟和秒计时器提供的秒信号,这样就允许分钟和秒计时器采用 50 MHz 时钟信号作为时钟信号,是否需要秒计数,取决于秒脉冲信号 sec_p 的高电平和其他计数控制信号。

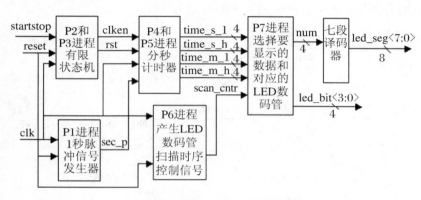

图 5.12 运动计时器的原理框图

进程 P2 和进程 P3 实现一个有限状态机,根据控制按键 reset 和 startstop 以及当前计时器的状态,为进程 P4 和进程 P5 提供计时允许和计时清零控制信号。

进程 P4 和进程 P5 分别为分钟和秒计时器,时钟信号仍然采用 50 MHz 时钟信号 clk,而允许计数控制信号则为进程 P7 分别提供用十进制表示的分钟和秒数据信号。

进程 P6 为进程 P7 提供 LED 数码管动态显示的扫描时序控制信号 scan_cntr。

进程 P7 根据选择扫描时序控制信号、分钟和秒数据信号,决定哪一个数码管显示和显示哪一个数据。

在计时器的设计中,进程 P2 和进程 P3 实现的有限状态机控制决定计时器是否计时和计时器的工作状态。该有限状态机的状态转换图如图 5.13 所示。五个状态分别为 zero、start、counting、stop 和 stopped。

当复位按键 reset 按下时,状态机的计时允许控制输出信号 clken 为低电平,计时复位输出信号 rst 为高电平,当 rst 为高电平时,进程 P4 和进程 P5 描述的分钟和秒计数器清零,然后从 clear 状态进入 zero 状态;在 zero 状态,当按下开始/停止按键时,进入开始计时 start 状态;在开始计时 start 状态,当开始/停止按键由闭合变成断开时,则进入计时 counting 状态,计时允许控制输出信号 clken 为高电平,允许进程 P4 和进程 P5 描述的分秒计数器计数;在计时 counting 状态,当按下开始/停止按键时,则停止计时,进入 stop 状态;在 stop 状态,当开始/停止按键由闭合变成断开时,进入 stopped 状态;在 stopped 状态,如果按下开始/停止按键,则又进入开始计时 start 状态;当开始/停止按键由闭合变成断开时,进入计时 counting 状态,这时分秒计数器是在原来的数字的基础上,继续计时。

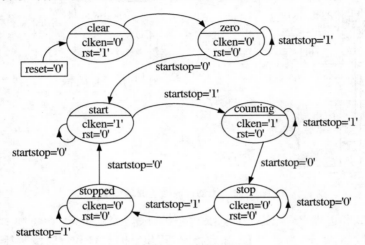

图 5.13 状态转换图

如果要从零开始,则先要按下复位按键。

运动计时器的程序如下:

```
library IEEE;
use IEEE.STD_LOGIC_1164.ALL;
use IEEE.STD_LOGIC_ARITH.ALL;
use IEEE.STD_LOGIC_UNSIGNED.ALL;

entity stopwatch is
    Port (clk,startstop, reset: in STD_LOGIC;
        led_bit: out STD_LOGIC_VECTOR (3 downto 0);
        led_seg: out STD_LOGIC_VECTOR (7 downto 0));
end stopwatch;

architecture Behavioral of stopwatch is
```

```vhdl
    signal cnt: integer range 49999999 downto 0;
    signal sec_p: STD_LOGIC;                      --1秒脉冲信号
    signal num,time_s_l,time_m_l: STD_LOGIC_VECTOR (3 downto 0);
    signal time_s_h,time_m_h: STD_LOGIC_VECTOR (2 downto 0);
    signal scan_cntr: STD_LOGIC_VECTOR (17 downto 0);

    signal clk_en, rst: std_logic;

    type stmchine_state is (clear,zero,start,counting,stop,stopped);
    signal current_state: stmchine_state;
    signal next_state: stmchine_state;

begin

    P1:process(clk,reset)                         --产生1秒脉冲信号sec_p
    begin
        if reset = '0' then
            cnt<= 0;
            sec_p<= '0';
        elsif rising_edge (clk) then
            if (cnt = 49999999) then
                cnt<= 0;
                sec_p<= '1';
            else
                cnt<= cnt + 1;
                sec_p<= '0';
            end if;
        end if;
    end process P1;

    --p2和p3进程描述状态机控制电路
    p2: process(reset,clk)
```

```vhdl
   begin
     if(reset = '0') then
       current_state <= clear;
     elsif rising_edge (clk) then
       current_state <= next_state;
     end if;
end process p2;

p3:process(startstop,current_state)
   begin
     case current_state is
       when clear =>
         next_state <= zero;
         clk_en <= '0';
         rst <= '1';
       when zero =>
         if(startstop = '1') then
           next_state <= zero;
         elsif(startstop = '0') then
           next_state <= start;
         end if;
         clk_en <= '0';
         rst <= '0';
       when start =>
         if(startstop = '1') then
           next_state <= counting;
         elsif(startstop = '0') then
           next_state <= start;
         end if;
         clk_en <= '0';
         rst <= '0';
       when counting =>
         if(startstop = '1') then
```

```vhdl
        next_state<=counting;
      elsif(startstop='0') then
        next_state<=stop;
      end if;
      clk_en<='1';
      rst<='0';
    when stop=>
      if(startstop='1') then
        next_state<=stopped;
      elsif(startstop='0') then
        next_state<=stop;
      end if;
      clk_en<='0';
      rst<='0';
    when stopped=>
      if(startstop='1') then
        next_state<=stopped;
      elsif(startstop='0') then
        next_state<=start;
      end if;
      clk_en<='0';
      rst<='0';
    end case;
end process p3;

--六十进制秒计数器
p4:process(clk,rst)
begin
  if rst='1' then
    time_s_l<="0000";    --秒个位 time_s_l 计数器
    time_s_h<="000";     --秒十位 time_s_l 计数器
  elsif rising_edge(clk) then
    if clk_en='1' then
```

```vhdl
            if (sec_p = '1') then

                if(time_s_l = "1001") then
                    time_s_l <= "0000";
                else
                    time_s_l <= time_s_l + 1;
                end if;

                if (time_s_l = "1001") then    --逢59进位
                    if (time_s_h = "0101") then --逢59进位
                        time_s_h <= "000";
                    else
                        time_s_h <= time_s_h + 1;    --秒个位 time_s_l 计数器
                    end if;
                end if;

            end if;
        end if;
    end if;
end process p4;

--六十进制分钟计数器
p5: process(clk,rst)
begin
    if rst = '1' then
        time_m_l <= "0000";      --分钟个位 time_m_l 计数器
        time_m_h <= "000";       --分钟十位 time_m_h 计数器
    elsif rising_edge (clk) then
        if clk_en = '1' then
            if (sec_p = '1') then
                if((time_s_h = "0101") and (time_s_l = "1001"))then
                    if (time_m_l = "1001") then
                        time_m_l <= "0000";
```

```
                else
                    time_m_l<= time_m_l+1;
                end if;
            end if;

            if((time_s_h="0101")and (time_s_l="1001") and (time_m_l="1001")) then
                if(time_m_h="0101") then
                    time_m_h<="000";
                else
                    time_m_h<=time_m_h+1;
                end if;
            end if;
          end if;
        end if;
      end if;
    end if;
end process p5;

p6: process(clk,reset)     --选择要显示的数据和对应的LED数码管
begin
  if reset='0' then
    scan_cntr<=(others=>'0');
  elsif rising_edge(clk) then
    scan_cntr<=scan_cntr+1;
  end if;
end process p6;

p7: process(scan_cntr)     --选择对应的LED数码管
begin
  case scan_cntr(17 downto 16) is
      when "00"=>     led_bit<="1110";
                      num<=time_s_l;
      when "01"=>     led_bit<="1101";
```

· 183 ·

```
                              num<='0' & time_s_h;
        when "10"=>           led_bit<="1011";
                              num<=time_m_l;
        when "11"=>           led_bit<="0111";
                              num<='0' & time_m_h;
        when others=>         null;
      end case;
   end process p7;

   --a,b,c,d,e,f,g,dp
      with num select    --七段译码器
      led_seg<= "10011111" when "0001",    --1
                "00100101" when "0010",    --2
                "00001101" when "0011",    --3
                "10011001" when "0100",    --4
                "01001001" when "0101",    --5
                "01000001" when "0110",    --6
                "00011111" when "0111",    --7
                "00000001" when "1000",    --8
                "00001001" when "1001",    --9
                "00000011" when others;    --0
end Behavioral;
```

5.4 LED 点阵屏汉字显示

实现在 8×8 个发光二极管构成的 LED 点阵屏上显示汉字的功能。

8×8 LED 点阵屏上有 8 行 8 列共 64 个发光二极管,如图 5.14 所示,每个发光二极管放在行线和列线的交叉点上,当 8 行中的某一行设置成高电平,而 8 列中的一列为低电平时,则相应的发光二极管会导通而发光,某一时刻在 LED 点阵屏上只有一行中指定的发光二极管导通。

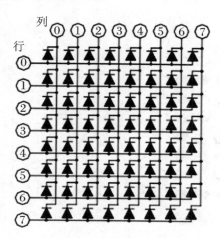

图 5.14　8×8 LED 点阵屏

LED 点阵屏采用共阳极发光二极管,由于一行有 8 个发光二极管,8 个发光二极管同时导通时需要提供比较大的电流,需要给每一行加驱动电路,如图 5.15 所示,当需要某一行的发光二极管导通时,就给该行的控制信号 row(i)提供一个低电平信号。

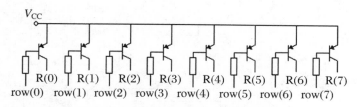

图 5.15　LED 点阵屏行驱动电路原理图

一般的 FPGA 或 CPLD 芯片的输出管脚输出低电平时,能够直接一个发光驱动二极管,即直接驱动 LED 点阵屏的列信号,如果要某一列的发光二极管亮,该列驱动信号为低电平。例如,要显示电子技术的"电"字的点阵字形。第一行的数据为 11101111B,第二行的数据为 00000001H,如图 5.16 所示。

为了得到一个完整的汉字,行扫描信号频率要足够快,使人的视觉感觉到显示的是一个稳定的汉字,而不是令人的视觉感到不舒服的闪烁汉字。

因此,保证在时序上点阵数据和 LED 点阵屏的行列驱动信号正确地配合是实现汉字显示的关键。

实现在 8×8 LED 点阵屏上显示汉字"电子技术"的电路的输入和输出端口控制信号如图 5.17 所示。

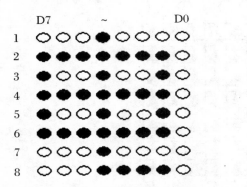

图 5.16 汉字"电"的点阵字形　　　　图 5.17 输入和输出端口信号

图中 clk 信号为 50 MHz 时钟信号。reset 信号为复位按键输入信号,当 reset 按键按下时,reset 信号为低电平。

用 VHDL 编写一个显示汉字"电子技术"的程序由 5 个进程组成,如图 5.18 所示。

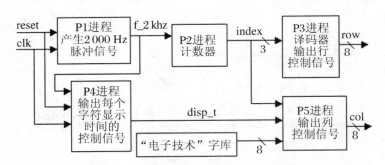

图 5.18 点阵屏上显示汉字的原理框图

其中 P1 进程是一个计数分频器,确定 LED 点阵屏的行扫描频率,输入信号 50 MHz 时钟信号 clk,输出为 2 000 Hz 的脉冲信号,即决定每秒要扫描 2 000 行;P2 进程是一个计数器,由于行扫描输出信号和列输出信号需要协同变化才能显示正确的字符,分别根据该计数器输出信号 index,输出行扫描信号和列数据信号;P3 进程是一个 3-8 译码器,控制 8 位行输出信号的其中 1 位信号为低电平;P4 进程是一个计数分频器,输出信号 disp_t 决定显示一个汉字停留的时间;P5 进程输出列信号,根据 index 信号、汉字停留的时间 disp_t 信号和字库的点阵数据,输出相应的列信号。

汉字"电子技术"的字形分别定义成常量 roma、romb、romc 和 romd,这是 4 个由 8 个数组和 8 位矢量组成的常量。

具体程序和说明如下:

```vhdl
library IEEE;
use IEEE.STD_LOGIC_1164.ALL;
use IEEE.STD_LOGIC_ARITH.ALL;
use IEEE.STD_LOGIC_UNSIGNED.ALL;

entity led_dot is
  port (clk, reset: in std_logic;
        row, col: out std_logic_vector(0 to 7));
end led_dot;

architecture Behavioral of led_dot is

signal f_2khz: std_logic;
signal cnt: integer range 0 to 24999;

signal cnt_2000: integer range 0 to 1999;

signal index: integer range 0 to 7;

signal disp_t: std_logic_vector (1 downto 0);

type romtable is array (0 to 7) of std_logic_vector (0 to 7);
constant roma: romtable: = romtable'(
  "11101111",
  "00000001",
  "01101101",
  "00000001",
  "01101101",
  "00000001",
```

```
    "11101111",
    "11100001");                    --汉字"电"的字形

constant romb:romtable: = romtable'(
    "00000000",
    "11111101",
    "11111011",
    "00000000",
    "11110111",
    "11110111",
    "11110111",
    "11100111");                    --汉字"子"的字形

constant romc:romtable: = romtable'(
    "10111011",
    "10111011",
    "00000000",
    "10111011",
    "10100000",
    "00110101",
    "10111011",
    "00100100");                    --汉字"技"的字形

constant romd:romtable: = romtable'(
    "11101111",
    "11101011",
    "00000001",
    "11101111",
    "11000111",
    "10101011",
    "01101101",
    "11001111");                    --汉字"术"的字形
```

```vhdl
begin

p1:process(clk, reset)
begin
  if reset = '0' then
    cnt<=0;
    f_2khz<='0';
  elsif rising_edge (clk) then
    if  cnt=24999 then
      cnt<=0;
      f_2khz<='1';
    else
      cnt<=cnt+1;
      f_2khz<='0';
    end if;
  end if;
end process p1;

p2:process(clk, reset)
begin
  if reset = '0' then
    index<=0;
  elsif rising_edge (clk) then
    if  f_2khz='1' then
      index<=index+1;
    end if;
  end if;
end process p2;

p3:process(index)
begin
  row<=(others=>'1');
```

```vhdl
            row(index)<='0';
        end process p3;

    p4:process(clk, reset)
    begin
        if reset='0' then
            cnt_2000<=0;
            disp_t<="00";
        elsif rising_edge (clk) then
            if   f_2khz='1' then
                if   cnt_2000=1999 then
                    cnt_2000<=0;
                    disp_t<=disp_t+'1';
                else
                    cnt_2000<=cnt_2000+1;
                end if;
            end if;
        end if;
    end process p4;

    p5:process(disp_t,index)
    begin
        case disp_t is
            when "00"=>col<=roma(index);
            when "01"=>col<=romb(index);
            when "10"=>col<=romc(index);
            when "11"=>col<=romd(index);
            when others=>null;
        end case;
    end process p5;

end Behavioral;
```

5.5 液晶显示屏显示字符

小型液晶显示屏（LCD，Liquid Crystal Display）是一种用于显示数字、字母、图形符号和少量自定义符号的低功耗显示设备，广泛应用于便携式电子设备中，16×2 LCD 液晶显示屏如图 5.19 所示。

图 5.19　16×2 LCD 液晶显示屏

液晶显示屏有很多种，一般都带有驱动芯片，驱动芯片内包含了一些字符和控制电路接口，通过这些接口信号，能够更方便控制液晶显示屏显示字符或图形。

目前，有许多液晶显示屏都已经形成规范化的产品。例如，2 行、每行显示 16 个字符的液晶显示屏，包含了一些存储器和规范化的控制时序以及控制字。

1. 16 字符×2 行 LCD 的内部存储器

16 字符×2 行 LCD 的控制芯片内部有三组存储器，分别为显示数据存储器（DDRAM）、字符发生器存储器（CGROM）和字符产生器存储器（CGRAM）。

DDRAM 存储了需要显示的字符编码，存储在 DDRAM 中的字符编码对应保存在 CGROM 只读存储器中的具体字符位图或存放在 CGRAM 随机存储器中用户自定义的字符位图。

（1）DDROM

液晶显示屏分 2 行显示字符，每一行显示 16 个字符，2 行共显示 32 个字符，显示的字符位置与 DDRAM 的地址相对应，图 5.20 给出了显示屏 32 位字符位置的默认地址。

DDRAM 的存储空间为 2×40，液晶显示屏第一行显示的字符存储在地址 0X00 与 0X0F 之间，0X10 与 0X27 和 0X50 与 0X67 之间的地址用来存储其他非显示数据，第二行的字符存储在地址 0X40 与 0X4F 之间，0X50 与 0X67 之间的地址用来存储其他不显示的数据。

图 5.20　DDRAM 十六进制地址

执行左移指令时,显示内容左移,如图 5.21 所示。

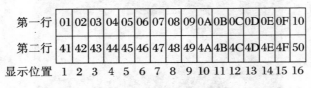

图 5.21　显示内容左移

执行右移指令时,显示内容右移,如图 5.22 所示。

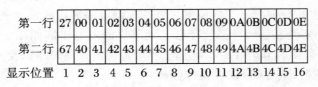

图 5.22　显示内容右移

(2) CGROM

CGROM 已经存储了 160 个不同的字符图形,这些字符有:阿拉伯数字、英文字母的大小写、常用的符号和日文假名等。CGROM 保存的是已经定义好的具体字符的字体位图,如图 5.23 所示。对应字符的编码存储在 DDRAM 中,每个字符的位置与 CGROM 的位置按顺序对应,其中英文字符存储在 CGROM 对应的 ASCII 编码地址中。例如,要在液晶显示屏 LCD 的第一行和第一个字符位置上显示字符"F",该字所对应的编码为 46H,把编码 46H 写到 DDRAM 对应的位置"00H"中。

如果要显示自定义字符和图形,控制芯片在 DDRAM 中,保留了的 00H 与 0X07H 地址用于存放自定义的字符编码,而自定义字符位图存储在 CGRAM 中。

(3) CGRAM

CGRAM 为使用者提供了 8 位的自编字符位图。每个自定义字符位由 8 行位图的 5 个点组成，如图 5.24 所示。

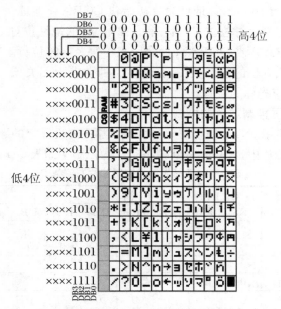

图 5.23 DDRAM 十六进制地址

						高4位			低4位		
						写数据到CGRAM或DDRAM					
A5	A4	A3	A2	A1	A0	D7	D6	D5	D4	D3	D2	D1	D0
字符地址			行地址			无关项			字符位图				
0	1	1	0	0	0	-	-	-	0	■	0	■	0
0	1	1	0	0	1	-	-	-	■	0	■	0	■
0	1	1	0	1	0	-	-	-	0	■	0	■	0
0	1	1	0	1	1	-	-	-	■	0	■	0	■
0	1	1	1	0	0	-	-	-	0	■	0	■	0
0	1	1	1	0	1	-	-	-	■	0	■	0	■
0	1	1	1	1	0	-	-	-	0	■	0	■	0
0	1	1	1	1	1	-	-	-	0	0	0	0	0

图 5.24 CGRAM 的一个图形位图

在向 CGRAM 读或写之前,初始化 CGRAM 的地址计数器。

图 5.24 表示产生一个西洋跳棋盘图形位图时,确定各地址和数据。该自定义字符存储在第四个 CGRAM 字符位置中,对应 DDRAM 的位置是 0x03。写自定义字符时,使用设置 CGRAM 地址命令初始化 CGRAM 地址。前三行(A5~A3)的地址位对应自定义字符位位置,后三行(A2~A0)的地址位对应字符地址的行地址,写数据到 CGRAM 或 DDRAM 命令用来写每个字符位行。"1"表示点亮,"0"表示熄灭。只有低 5 位的数据被用到,高 3 位的数据为无关项。第 8 行的数据位一般为 0,一般对应光标的位置。

2. 液晶显示屏控制芯片的控制字

为了使液晶显示屏显示需要显示的字符,需要按照规定的顺序将控制字写到液晶显示屏控制芯片中,液晶显示屏控制芯片的控制字如表 5.1 所示。

表 5.1 液晶显示屏控制芯片的控制字

功能	LCD_RS	LCD_RW	高 4 位				低 4 位			
			DB7	DB6	DB5	DB4	DB3	DB2	DB1	DB0
清除显示	0	0	0	0	0	0	0	0	0	1
光标复位	0	0	0	0	0	0	0	0	1	—
设置显示模式	0	0	0	0	0	0	0	1	I/D	S
设置显示工作和停止	0	0	0	0	0	0	1	D	C	B
光标和显示移位	0	0	0	0	0	1	S/C	R/L	—	—
功能设置命令	0	0	0	0	1	0	—	—	—	—
设置 CGRAM 地址	0	0	0	1	A5	A4	A3	A2	A1	A0
设置 DDRAM 地址	0	0	1	A6	A5	A4	A3	A2	A1	A0
读"忙"标志和地址	0	1	BF	A6	A5	A4	A3	A2	A1	A0
写数据到 CGRAM 或 DDRAM	1	0	D7	D6	D5	D4	D3	D2	D1	D0
从 CGRAM 或 DDRAM 读取数据	1	1	D7	D6	D5	D4	D3	D2	D1	D0

如果 LCD_E 使能信号为低,所有其他输入 LCD 信号都不起作用。

液晶显示屏控制芯片的控制字功能如下:

(1) 清屏

指令格式如表 5.2 所示。

表 5.2

RS	RW	DB7	DB6	DB5	DB4	DB3	DB2	DB1	DB0
0	0	0	0	0	0	0	0	0	1

清屏指令使指针返回到原始位置（最左上角），写一个空白内容（ASCII/ANSI 字符编码为 0×20）给所有的 DDRAM 地址。地址计数器置 0。清除所有的选择设置。I/D 控制位置 1（地址自动增加模式），执行时间需要 82 μs~1.64 ms。

（2）返回

指令格式如表 5.3 所示。

表 5.3

RS	RW	DB7	DB6	DB5	DB4	DB3	DB2	DB1	DB0
0	0	0	0	0	0	0	0	1	x

返回指令使光标和光标位置的字符回到原始位置（最左上角），DDRAM 的内容不受影响，执行时间需要 40 μs~1.6 ms。

（3）设置输入模式

指令格式如表 5.4 所示。

表 5.4

RS	RW	DB7	DB6	DB5	DB4	DB3	DB2	DB1	DB0
0	0	0	0	0	0	0	1	I/D	S

设置光标移动的方向，并指定整体显示是否移动，其中数据位 DB1(I/D) 设置为 1 时是增量模式（地址计数器 AC 自动加 1）；DB1(I/D) 设置为 0 时是减量模式（地址计数器 AC 自动减 1）。数据位 DB0(S) 设置为 1 时显示全部左移（I/D=1）或右移（I/D=0）；DB0(S) 设置为 0 时显示不移动，光标移动。

例如，当 I/D=1 和 S=1 时，写数据给 CGRAM 或 DDRAM 或者从 CGRAM 或 DDRAM 读数据后，显示内容左移，光标不移动。

（4）显示开关控制

指令格式如表 5.5 所示。

表 5.5

RS	RW	DB7	DB6	DB5	DB4	DB3	DB2	DB1	DB0
0	0	0	0	0	0	1	D	C	B

D：显示控制，D=1 时显示开；D=0 时显示关。
C：光标控制，C=1 时开光标显示；D=0 时关光标显示。
B：闪烁控制，B=1 时光标闪烁；B=0 时光标不闪烁。

（5）光标和显示移位

指令格式如表 5.6 所示。

表 5.6

RS	RW	DB7	DB6	DB5	DB4	DB3	DB2	DB1	DB0
0	0	0	0	0	1	S/C	R/L	×	×

光标和显示移位控制字说明如表 5.7 所示。

表 5.7 光标和显示移位控制字说明

S/C	R/L	说　明
0	0	光标向左移,地址计数器自动减 1
0	1	光标向右移,地址计数器自动加 1
1	0	光标和显示内容一起左移,地址计数器的值不变
1	1	光标和显示内容一起右移,地址计数器的值不变

(6) 功能设置

设置数据传输接口总线宽度、单行显示或双行显示方式等。

指令格式如表 5.8 所示。

表 5.8

RS	RW	DB7	DB6	DB5	DB4	DB3	DB2	DB1	DB0
0	0	0	0	1	DL	N	F	×	×

DL:设置数据接口数据线位数。DL=1 时,采用 8 位数据总线 DB7～DB0; DL=0 时,采用 4 位数据总线 DB7～DB4,不使用 DB3～DB0。分两次传输操作才能完成 8 位数据的传输。

N:设置显示行。N=1 时,双行显示;N=0 时,单行显示。

F:设置显示字形大小。F=1 时,5×10 点阵;F=0 时,5×7 点阵。

(7) 设置 CGRAM 地址

指令格式如表 5.9 所示。

表 5.9

RS	RW	DB7	DB6	DB5	DB4	DB3	DB2	DB1	DB0
0	0	0	1	A	A	A	A	A	A

设置 CGRAM 地址指针,地址范围为:0～63。

(8) 设置 DDRAM 地址

指令格式如表 5.10 所示。

设置 DDRAM 地址,当设置为单行显示模式时,地址范围为:"00H"～"4FH";当设置为双行显示模式时,第一行的地址范围为:"00H"～"27H",第二行的地址范围为:"40H"～"67H"。

表 5.10

RS	RW	DB7	DB6	DB5	DB4	DB3	DB2	DB1	DB0
0	0	1	A	A	A	A	A	A	A

(9) 读忙标志 BF 和地址计数器 AC 的值

指令格式如表 5.11 所示。

表 5.11

RS	RW	DB7	DB6	DB5	DB4	DB3	DB2	DB1	DB0
0	1	BF	AC						

当 BF=1 时,表示忙,此时不接受命令和数据。

AC 表示地址计数器 AC 的值。

(10) 写数据给 CGRAM 或 DDRAM

指令格式如表 5.12 所示。

表 5.12

RS	RW	DB7	DB6	DB5	DB4	DB3	DB2	DB1	DB0
1	0	DATA							

如果该命令在设置 DDRAM 地址命令之后,则写数据给 DDRAM;如果该命令在设置 CGRAM 地址命令之后,则写数据给 CGRAM。根据设置模式,在写操作之后,地址自动加 1 或自动减 1。

(11) 从 CGRAM 或 DDRAM 读数据

指令格式如表 5.13 所示。

表 5.13

RS	RW	DB7	DB6	DB5	DB4	DB3	DB2	DB1	DB0
1	1	DATA							

如果该命令在设置 DDRAM 地址命令之后,则从 DDRAM 读数据;如果该命令在设置 CGRAM 地址命令之后,则从 CGRAM 读数据。

3. 液晶显示屏控制芯片工作时序

采用 8 位数据总线 DB7~DB0,对液晶显示屏控制芯片的写操作时序如图 5.25 所示,其中时钟信号 CLOCK 的频率 50 MHz。在使能信号 LCD_E 转向高电平之前,数据总线上的数据(DB7~DB0)和寄存器选择信号(LCD_RS)以及读写(LCD_RW)控制信号都必须稳定。使能信号必须保留高电平 300 ns 或更长时间,不同生产厂商的产品的参数有些差别,需要根据实际参数确定。

在实际使用中，LCD_RW 信号可以设置为低电平，不从显示屏读取数据，按照规定的时序将指令写入液晶显示屏控制芯片。

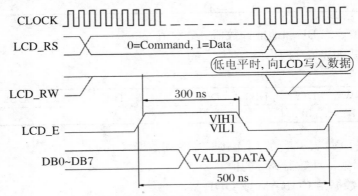

图 5.25　传输控制字和数据的时序图

初始化完成后，再传输指定地址计数器地址和需要显示的数据。当地址计数器配置为自动增 1 和显示多个字符时，依次传输多个字符编码。

4．控制液晶显示屏显示字符

控制一个 2 行 16 字符液晶显示屏，用 VHDL 语言设计一个控制液晶显示屏在第一行显示 7 个字符和 1 个符号"Welcome!"的电路。该电路的输入和输出端口信号如图 5.26 所示。

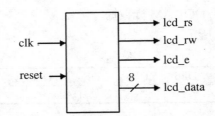

图 5.26　控制电路的输入和输出端口信号

输入信号 clk、reset 分别是 50 MHz 时钟和复位输入信号，reset 低电平有效。lcd_rs、lcd_rw、lcd_e 和 lcd_data 分别为与液晶显示屏控制芯片连接的控制信号和数据总线(DB7～DB0)信号。

lcd_rs 为寄存器选择控制输出信号，当 lcd_rs 为低电平时，表示数据总线传输的是命令控制信号，当 lcd_rs 为高电平时，表示数据总线传输的是数据信号；

lcd_rw 为读写控制输出信号，当 lcd_rw 为低电平时，表示向液晶显示屏控制芯片写数据，反之，为读取数据；

lcd_e 为读写操作允许控制脉冲输出信号，高电平有效；

lcd_data 为数据总线信号。

在初始化时，由于控制液晶显示屏显示字符，按照液晶显示屏控制芯片的时序设计，已经留给液晶显示屏控制芯片完成操作所需要的时间，所以不需要通过读取液晶显示屏控制芯片的数据，来判断芯片是否处于忙的状态。

上电后，必须向液晶显示屏控制芯片发送初始化控制字，初始化完成后，还要传输指定地址计数器地址和显示字符的编码数据，向液晶显示屏控制芯片发送指令的流程如图 5.27 所示。

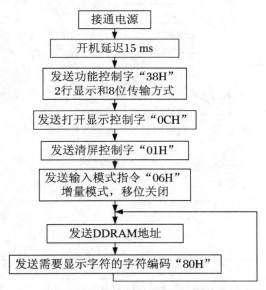

图 5.27　向液晶显示屏控制芯片发送控制字和数据的流程图

根据上述流程图和输入命令或数据的时序，用 VHDL 语言设计一个控制液晶显示屏显示 8 个字符"Welcome!"的电路。控制液晶显示屏显示字符的电路设计框图如图 5.28 所示，共有 lcd_top 模块和 lcd_controller 模块组成，考虑到在不同的设计中，会使用到 lcd_controller 模块，将 lcd_controller 模块设计成为一个方便再使用的模块。

lcd_controller 模块完成对液晶显示屏 LCD 的初始化和数据传输，因为要显示 8 个字符"Welcome!"，所以在 lcd_controller 模块中，预留了 8 个缓冲数据输入信号，由顶层 lcd_top 模块指定具体字符对应的编码数据。

lcd_controller 模块采用状态机的方式设计,共分为 3 个状态,分别为开机延迟状态、初始化状态、传输显示地址和字符状态,如图 5.29 所示。当完成了初始化后,就一直处在传输显示地址和字符的状态,并且循环向 LCD 传输初始显示地址和字符对应的编码数据。

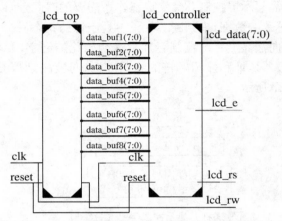

图 5.28　控制液晶显示屏显示字符的设计框图

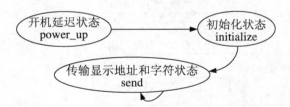

图 5.29　控制液晶显示屏显示字符的状态转换图

在 lcd_controller 模块的不同状态机中,根据向液晶显示屏控制芯片发送控制字和数据的时序,要在不同的时间区间,完成不同控制字和数据。采用一个计数器 clk_count,设置不同计数值,决定需要传输控制字或数据的时间。

用 VHDL 语言描述 lcd_controller 模块的程序如下:

```
library IEEE;
use IEEE.STD_LOGIC_1164.ALL;
use IEEE.STD_LOGIC_ARITH.ALL;
use IEEE.STD_LOGIC_UNSIGNED.ALL;

entity lcd_controller is
```

```vhdl
port(
    clk: in STD_LOGIC;              --系统时钟
    reset: in STD_LOGIC;
    data_buf1: in STD_LOGIC_VECTOR(7 downto 0);
                                    --显示字符数据
    data_buf2: in STD_LOGIC_VECTOR(7 downto 0);
    data_buf3: in STD_LOGIC_VECTOR(7 downto 0);
    data_buf4: in STD_LOGIC_VECTOR(7 downto 0);
    data_buf5: in STD_LOGIC_VECTOR(7 downto 0);
    data_buf6: in STD_LOGIC_VECTOR(7 downto 0);
    data_buf7: in STD_LOGIC_VECTOR(7 downto 0);
    data_buf8: in STD_LOGIC_VECTOR(7 downto 0);
    lcd_rs, lcd_e: out STD_LOGIC;
    lcd_data: out STD_LOGIC_VECtoR(7 downto 0));
                                    --data signals for lcd
end lcd_controller;

architecture controller of lcd_controller is
    type control_state is (power_up, initialize, send);   --为3个状态
    signal state: control_state;
    constant freq: integer := 50;
        --在 lcd_controller 模块的设计中，为了编写方便，设置了一个常
          量 freq 为 50，因为系统的时钟是 50 MHz，对系统进行 50 分频
          后，就可以得到 1 微秒的时钟脉冲信号，因此如果得到 50 微秒的
          延迟，可以将延迟计数值写为 freq * 50，这样表示比较直观

begin
    process(clk, reset)
        variable clk_count: integer range 0 to 750000 := 0;
                                    --设置最大计数值
    begin
        if reset = '0' then
            state <= power_up;
```

```vhdl
            clk_count:=0;

        elsif(rising_edge (clk)) then

    case state is

        --进入开机延迟状态,延迟 15 ms,满足 LCD 开机所需要的完成时间
        when power_up=>
            if(clk_count<(15000 * freq)) then      --开机延迟 15 ms,对应
                                                    750 000 个时钟脉冲
                                                    信号
                clk_count:=clk_count + 1;
                state<= power_up;
            else                                   --完成开机延迟过程
                clk_count:=0;
                lcd_rs<='0';
                lcd_data<= "00110000";
                state<= initialize;
            end if;

        --进入初始化状态,写入控制字
        when initialize=>
            clk_count:=clk_count + 1;
            if(clk_count<(10 * freq)) then
                lcd_data<=X"38";         --发送 2 行显示和 8 位传输方式控制字
                lcd_e<='1';
            elsif(clk_count<(60 * freq)) then    --等待 50 μs
                lcd_e<='0';
            elsif(clk_count<(70 * freq)) then
                lcd_data<=X"0C";
                lcd_e<='1';                      --发送打开显示指令
            elsif(clk_count<(120 * freq)) then   --等待 50 μs
                lcd_e<='0';
```

```vhdl
    elsif(clk_count < (130 * freq)) then
      lcd_data<= X"01";                    --发送清屏指令
      lcd_e<= '1';
    elsif(clk_count < (2130 * freq)) then  --等待 2 ms
      lcd_e<= '0';
    elsif(clk_count < (2140 * freq)) then
      lcd_data<= X"06";                    --发送输入模式指令,增
                                           量模式(地址计数器
                                           AC 自动加 1),移位
                                           关闭
      lcd_e<= '1';
    elsif(clk_count < (2200 * freq)) then  --等待 60 μs
      lcd_e<= '0';
    else                                   --初始化完成
      clk_count:= 0;
      state<= send;
    end if;

--传输显示地址和字符
when send =>
      clk_count:= clk_count + 1;
      if(clk_count < (10 * freq)) then
        lcd_rs<= '0';
        lcd_data<= X"80";          --传送初始数据存储器 DDRAM
                                    地址
        lcd_e<= '1';
      elsif(clk_count < (60 * freq)) then
        lcd_e<= '0';
      elsif(clk_count < (70 * freq)) then
        lcd_rs<= '1';
        lcd_data<= data_buf1;      --传送字符对应的编码数据
        lcd_e<= '1';
      elsif(clk_count < (120 * freq)) then
```

```vhdl
        lcd_e<='0';
    elsif(clk_count < (130 * freq)) then
        lcd_rs<='1';
        lcd_data<=data_buf2;
        lcd_e<='1';
    elsif(clk_count < (180 * freq)) then
        lcd_e<='0';

    elsif(clk_count < (190 * freq)) then
        lcd_rs<='1';
        lcd_data<=data_buf3;
        lcd_e<='1';
    elsif(clk_count < (240 * freq)) then
        lcd_e<='0';

    elsif(clk_count < (250 * freq)) then
        lcd_rs<='1';
        lcd_data<=data_buf4;
        lcd_e<='1';
    elsif(clk_count < (300 * freq)) then
        lcd_e<='0';

    elsif(clk_count < (310 * freq)) then
        lcd_rs<='1';
        lcd_data<=data_buf5;
        lcd_e<='1';
    elsif(clk_count < (350 * freq)) then
        lcd_e<='0';

    elsif(clk_count < (360 * freq)) then
        lcd_rs<='1';
        lcd_data<=data_buf6;
        lcd_e<='1';
```

```
        elsif(clk_count < (410 * freq)) then
            lcd_e<='0';

        elsif(clk_count < (420 * freq)) then
            lcd_rs<='1';
            lcd_data<= data_buf7;
            lcd_e<='1';
        elsif(clk_count < (470 * freq)) then
            lcd_e<='0';

        elsif(clk_count < (480 * freq)) then
            lcd_rs<='1';
            lcd_data<= data_buf8;
            lcd_e<='1';
        elsif(clk_count < (530 * freq)) then
            lcd_e<='0';

        elsif(clk_count = (1530 * freq)) then     --等待 1 ms
            clk_count:=0;
            state<= send;       --返回初始数据存储器 DDRAM 地址
        end if;
    end case;
  end if;
 end process;
end controller;
```

顶层 lcd_top 模块调用 lcd_controller 模块,提供显示字符"Welcome!"对应的编码数据。

用 VHDL 语言描述实现液晶显示屏显示字符的顶层 lcd_top 模块程序如下:

```
library IEEE;
use IEEE.STD_LOGIC_1164.ALL;
use IEEE.STD_LOGIC_ARITH.ALL;
use IEEE.STD_LOGIC_UNSIGNED.ALL;
```

```vhdl
entity lcd_top is
  port(
    clk: in STD_LOGIC;                              --系统时钟
    reset: in STD_LOGIC;         --复位信号
    lcd_rw, lcd_rs, lcd_e: out STD_LOGIC;           --LCD控制信号
    lcd_data: out STD_LOGIC_VECTOR(7 downto 0));
                                                    --LCD数据总线
end lcd_top;

architecture behavioral of lcd_top is

  signal data_buf1: STD_LOGIC_VECtoR(7 downto 0);
  signal data_buf2: STD_LOGIC_VECtoR(7 downto 0);
  signal data_buf3: STD_LOGIC_VECtoR(7 downto 0);
  signal data_buf4: STD_LOGIC_VECtoR(7 downto 0);
  signal data_buf5: STD_LOGIC_VECtoR(7 downto 0);
  signal data_buf6: STD_LOGIC_VECtoR(7 downto 0);
  signal data_buf7: STD_LOGIC_VECtoR(7 downto 0);
  signal data_buf8: STD_LOGIC_VECtoR(7 downto 0);

  constant disp_data_1: STD_LOGIC_VECTOR (7 downto 0): =
  "01010111";          --字符"W"所对应的编码
  constant disp_data_2: STD_LOGIC_VECTOR (7 downto 0): =
  "01100101";          --字符" e "所对应的编码
  constant disp_data_3: STD_LOGIC_VECTOR (7 downto 0): =
  "01101100";          --字符" l "所对应的编码
  constant disp_data_4: STD_LOGIC_VECTOR (7 downto 0): =
  "01100011";          --字符" c "所对应的编码
  constant disp_data_5: STD_LOGIC_VECTOR (7 downto 0): =
  "01101111";          --字符" o "所对应的编码
  constant disp_data_6: STD_LOGIC_VECTOR (7 downto 0): =
  "01101101";          --字符" m "所对应的编码
  constant disp_data_7: STD_LOGIC_VECTOR (7 downto 0): =
```

"01100101";   --字符"e"所对应的编码
constant disp_data_8: STD_LOGIC_VECTOR（7 downto 0）:=
"00100001";   --符号"!"所对应的编码

component lcd_controller is
  port(
    clk: in STD_LOGIC; --system clock
    reset: in STD_LOGIC; --active low reinitializes lcd
    data_buf1: in STD_LOGIC_VECTOR(7 downto 0);
    data_buf2: in STD_LOGIC_VECTOR(7 downto 0);
    data_buf3: in STD_LOGIC_VECTOR(7 downto 0);
    data_buf4: in STD_LOGIC_VECTOR(7 downto 0);
    data_buf5: in STD_LOGIC_VECTOR(7 downto 0);
    data_buf6: in STD_LOGIC_VECTOR(7 downto 0);
    data_buf7: in STD_LOGIC_VECTOR(7 downto 0);
    data_buf8: in STD_LOGIC_VECTOR(7 downto 0);
    lcd_rs, lcd_e: out STD_LOGIC;   -- LCD 控制信号
    lcd_data: out STD_LOGIC_VECTOR(7 downto 0));
                                          --LCD 数据总线
end component;

begin
  --调用 lcd_controller 模块
  lcd_controller   port map(clk=>clk, reset_n=>reset_n,
        data_buf1=>data_buf1, data_buf2=>data_buf2,
        data_buf3=>data_buf3, data_buf4=>data_buf4,
        data_buf5=>data_buf5, data_buf6=>data_buf6,
        data_buf7=>data_buf7, data_buf8=>data_buf8,
        lcd_rs=>lcd_rs, lcd_e=>lcd_e, lcd_data=>lcd_data);

  data_buf1<=disp_data_1;
  data_buf2<=disp_data_2;
  data_buf3<=disp_data_3;

```
            data_buf4<= disp_data_4;
            data_buf5<= disp_data_5;
            data_buf6<= disp_data_6;
            data_buf7<= disp_data_7;
            data_buf8<= disp_data_8;

            lcd_rw<='0';      --因为不需要从液晶显示屏控制芯片中读取信
                              号,所以读写(lcd_rw)控制信号 lcd_rw 设置
                              为低电平
        end behavioral;
```

5.6 图形式液晶显示屏(LCD)显示图形

图形式液晶显示屏(LCD)能够显示需要的图形,可以借助字库显示数字和汉字,广泛应用于便携式电子设备中。液晶显示屏(LCD)有很多种,有些带汉字字库,有些不带汉字字库,不过一般都带有驱动芯片,驱动芯片内包含控制电路接口,通过这些接口信号,能够更方便控制液晶显示屏显示字符或图形,一个 128×64 图形式液晶显示屏如图 5.30 所示。

图 5.30 图形式液晶显示屏

1. 128×64 液晶显示屏(LCD)内部电路

一个 128×64 液晶显示屏(LCD)共有 128(列)×64(行)点阵,即每行显示 128 个像素点,每列显示 64 个像素点。

将液晶显示屏(LCD)划分为左半屏和右半屏,均为 64(列)×64(行)点阵,左

半屏和右半屏分别由 2 个芯片(IC1 和 IC2)来控制,各自都有独立片选接口信号 CS1 和 CS2。128×64 液晶显示屏(LCD)的内部电路原理框图如图 5.31 所示。

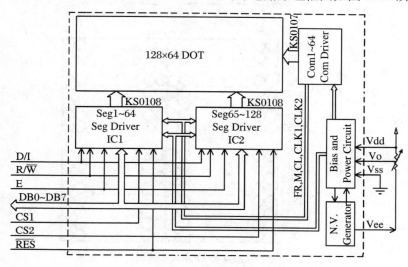

图 5.31 内部电路原理框图

图中芯片 IC1 控制左半显示屏,IC2 控制右半显示屏,向 IC1 传输数据时,输入控制信号 CS1 为低电平,输入控制信号 CS2 为高电平;向 IC2 传输数据时,输入控制信号 CS1 为高电平,输入控制信号 CS2 为低电平。

输入控制信号 E 为使能信号,与读写控制信号 R/W 配合,完成与液晶显示屏 LCD 通信的功能。进行读数据操作时,读写信号 R/W 为高电平;进行写数据操作时,读写信号 R/W 为低电平。

数据总线(DB0~DB7)信号,用于传输指令或数据,传输指令时,输入控制信号 D/I 为低电平,传输数据时,输入控制信号 D/I 为高电平。

128×64 液晶显示屏(LCD)的显示数据保存在随机存储器 DDRAM 中,DDRAM 中的每一位,对应液晶显示屏(LCD)上的一个像素点。DDRAM 与液晶显示屏(LCD)上像素点对应的位置如图 5.32 所示。

共分为 8 个数据页面(Page 0~Page 7),每一页有 8×64 个点阵数据,对应液晶显示屏从上往下,页地址 X 依次为:X=0,1,2,3,4,5,6,7。例如,如果选中左半显示屏,向 DDRAM 的第 0 页的第 0 列写入数据 00010001B,则显示屏上左上角第 0 列的 8 个像素点,由上到下只有第 3 和第 7 个像素点有显示。向不同的页和不同的列写数据时,需要先设置页地址和列地址,可以通过左半显示屏和右半显示屏各自的页地址和列地址计数器实现寻址。

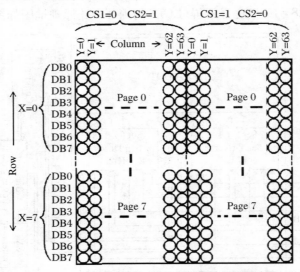

图 5.32 每个像素点与 DDRAM 数据的对应关系

2. 液晶显示屏的指令

为了使液晶显示屏显示需要显示的图形,需要按照规定的顺序将控制字写到液晶显示屏控制芯片中,液晶显示屏控制芯片的控制字如表 5.14 所示。

表 5.14 指令说明

指令	指令码										功能说明
	D/I	R/W	DB7	DB6	DB5	DB4	DB3	DB2	DB1	DB0	
显示打开/关断	0	0	0	0	1	1	1	1	1	D	控制显示屏打开和关断,DB0 为 1 时,显示打开;DB0 为 0 时,显示关闭
显示起始行	0	0	1	1	显示起始行(0…63)						设置从哪一行开始显示数据
设置 x 地址	0	0	1	0	1	1	1	X:0…7			设置页地址
设置 y 地址	0	0	0	1	Y 地址(0…63)						设置 y 地址
读状态	0	1	BUSY	0	ON/OFF	RST	0	0	0	0	BUSY=0 表示准备好,ON/OFF=0 表示显示关,RST=1 表示复位
写显示数据	1	0	显示数据								将数据(DB7:DB0)写入 DDRAM
读显示数据	1	1	显示数据								读出 DDRAM 的数据

指令的详细说明如下:
(1) 显示打开与关闭的设置

指令格式如表 5.15 所示。

表 5.15

D/I	RW	DB7	DB6	DB5	DB4	DB3	DB2	DB1	DB0
0	0	0	0	1	1	1	1	1	D

D=1:开显示;D=1:关显示,不影响 DDRAM 内部的数据。

(2) 设置起始行地址

指令格式如表 5.16 所示。

表 5.16

D/I	RW	DB7	DB6	DB5	DB4	DB3	DB2	DB1	DB0
0	0	1	1	A5	A4	A3	A2	A1	A0

由 Z 地址计数器控制起始行的地址,可以设置起始行的地址为 0…63 行中的任意一行。

(3) 设置页地址

指令格式如表 5.17 所示。

表 5.17

D/I	RW	DB7	DB6	DB5	DB4	DB3	DB2	DB1	DB0
0	0	1	0	1	1	1	A2	A1	A0

液晶显示屏共有 64 行,将 8 行归为 1 页,64 就有 8 页。

(4) 设置 y 地址

指令格式如表 5.18 所示。

表 5.18

D/I	RW	DB7	DB6	DB5	DB4	DB3	DB2	DB1	DB0
0	0	0	1	A5	A4	A3	A2	A1	A0

该指令的作用是将地址 A5~A0 送到 y 地址计数器,y 地址计数器具有自动加 1 功能,每次在执行 DDRAM 的读写操作后,y 地址指针自动加 1,所以在连续进行读写数据操作时,y 地址计数器不必每次都要设置一次。

(5) 读状态指令

指令格式如表 5.19 所示。

表 5.19

D/I	RW	DB7	DB6	DB5	DB4	DB3	DB2	DB1	DB0
0	1	BUSY	0	ON/OFF	RST	0	0	0	0

BUSY=0时,表示准备好;BUSY=1时,表示处于忙的状态。

ON/OFF 表示当前的显示状态,ON/OFF 为 1 时,表示处于显示开的状态;ON/OFF 为 0 时,表示处于显示关的状态。

RST 为 1 时,表示正在处于初始化状态;RST 为 0 时,表示正常地显示工作状态,此时可以接收指令和数据。

(6) 写数据指令

指令格式如表 5.20 所示。

表 5.20

D/I	RW	DB7	DB6	DB5	DB4	DB3	DB2	DB1	DB0
1	0	D7	D6	D5	D4	D3	D2	D1	D0

D7~D0 为显示数据,执行写数据指令,将数据 D7~D0 写入相应的存储器 DDRAM 中,y 地址计数器自动加 1。

(7) 读数据指令

指令格式如表 5.21 所示。

表 5.21

D/I	RW	DB7	DB6	DB5	DB4	DB3	DB2	DB1	DB0
1	1	D7	D6	D5	D4	D3	D2	D1	D0

执行读数据操作,将数据 D7~D0 传到数据总线 DB7~DB0 上,y 地址计数器自动加 1。

3. 执行向液晶显示屏写操作的工作时序

当对液晶显示屏进行初始化、设置数据存储器地址和传输图形数据时,都需要执行写操作。在执行写操作时,可以不需要读取液晶显示屏的状态,按照规定的写操作时序参数执行写操作,向液晶显示屏传输数据和命令,一般不同的生产厂的产品参数可能有些差别,在没有速度要求的前提下,尽可能采用远超过最小值的时间完成写操作过程。采用 8 位数据总线 lcd_data(7:0),对液晶显示屏控制芯片的写操作时序如图 5.33 所示。

在使能控制信号 lcd_e 由高电平转向低电平之前,数据总线上的数据(lcd_data)、指令和数据选择信号(lcd_di)、读写(lcd_rw)控制信号和片选控制信号(lcd_cs1 和 lcd_cs2)都必须保持稳定。使能控制信号 lcd_e 的高电平和低电平必须保留高电平 450 ns 或更长时间，不同生产厂商的产品的参数可有些差别，需要根据实际参数确定。

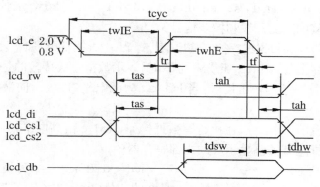

图 5.33 执行写数据操作的时序

4．控制液晶显示屏显示图形

控制一个 128×64 液晶显示屏（LCD），用 VHDL 语言设计一个控制液晶显示屏在左半显示屏上的左上角显示一个菱形图形的电路，该菱形图形如图 5.34 所示，该图形一共要占用 16×8 个像素点。

该控制电路的输入和输出端口信号如图 5.35 所示。

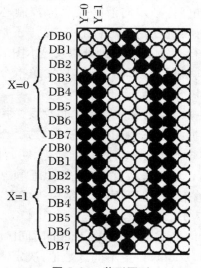

图 5.34 菱形图形

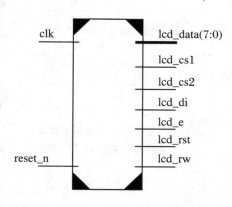

图 5.35 控制电路的输入和输出端口信号

输入信号 clk、reset_n 分别是 50 MHz 时钟和复位输入信号，reset 低电平有效。

lcd_data、lcd_cs1、lcd_cs2、lcd_di、lcd_e、lcd_rst 和 lcd_rw 分别为与液晶显示屏控制芯片连接的数据总线和控制信号。

lcd_di 为指令和数据选择控制输出信号，当 lcd_di 为低电平时，表示数据总线传输的是命令控制信号，当 lcd_di 为高电平时，表示数据总线传输的是数据信号。

lcd_rw 为读写控制输出信号，当 lcd_rw 为低电平时，表示向液晶显示屏控制芯片写数据。

lcd_e 为使能控制信号，在执行写数据操作，lcd_e 由高电平转向低电平时，数据总线上的数据写到液晶显示屏的内部寄存器中。

lcd_cs1 和 lcd_cs2 为控制左半屏和右半屏的芯片（IC1 和 IC2）的控制信号。

在初始化时，由于控制液晶显示屏显示字符，按照液晶显示屏控制芯片的时序设计，已经留给液晶显示屏控制芯片完成操作所需要的时间，所以不需要通过读取液晶显示屏控制芯片的数据，来判断芯片是否处于忙的状态。

上电后，必须向液晶显示屏控制芯片发送初始化控制字，初始化完成后，还要传输起始行、页地址和 y 地址以及显示图形的数据，向液晶显示屏控制芯片发送指令的流程如图 5.36 所示。

根据向液晶显示屏控制芯片发送控制字和数据的流程，采用状态机的方式设计，共分为 6 个状态，分别为开机延迟、初始化、传输第 0 页图形数据、改变页地址和 y 地址、传输第 1 页图形数据和结束等状态，如图 5.37 所示。

图 5.36 向液晶显示屏控制芯片发送控制字和数据的流程图

根据向液晶显示屏控制芯片发送控制字和数据的时序，要在不同的时间区间，传输不同控制字和数据。采用一个计数器 clk_count，设置不同计数值，决定需要传输控制字或数据的时间。

根据上述流程图和输入命令或数据的时序，用 VHDL 语言设计一个控制液晶显示屏显示菱形图形的电路的程序如下：

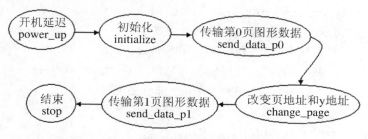

图 5.37　控制液晶显示屏显示图形的状态转换图

library IEEE;
use IEEE.STD_LOGIC_1164.ALL;
use IEEE.STD_LOGIC_ARITH.ALL;
use IEEE.STD_LOGIC_UNSIGNED.ALL;

entity lcd_dot is
　　Port (clk: in STD_LOGIC;
　　　　　reset_n: in STD_LOGIC;
　　　　　lcd_e: out STD_LOGIC;
　　　　　lcd_di: out STD_LOGIC;
　　　　　lcd_rw: out STD_LOGIC;
　　　　　lcd_rst: out STD_LOGIC;
　　　　　lcd_cs1: out STD_LOGIC;
　　　　　lcd_cs2: out STD_LOGIC;
　　　　　lcd_data: out STD_LOGIC_VECTOR (7 downto 0));
end lcd_dot;

architecture Behavioral of lcd_dot is

　　type control_state is (power_up, initialize, send_data_p0, change_page, send_data_p1, stop);

　　　　signal state: control_state;
　　　　constant freq: integer: = 50;

```vhdl
type tab is array (0 to 7) of std_logic_vector (7 downto 0);
constant g_dot1：tab：= tab'(
"11111000","11111100","00000110","00000011",
"00000110","11111100","11111000","00000000");
        --菱形图形的上半部分图形数据

constant g_dot2：tab：= tab'(
"00011111","00111111","01100000","11000000",
"01100000","00111111","00011111","00000000");
        --菱形图形的下半部分图形数据

begin

lcd_rw<='0';        --因为不需要从液晶显示屏控制芯片中读取信号,所
                     以读写(lcd_rw)控制信号 lcd_rw 设置为低电平

process(clk,reset_n)

  variable clk_count：integer range 0 to 500000：=0;
        --设置最大计数值

begin

if reset_n='0' then
   state<=power_up;
   clk_count：=0;
   lcd_rst<='0';       -- lcd 复位
elsif(rising_edge(clk)) then

      case state is

        --开机延迟状态
```

```vhdl
when power_up =>
   if(clk_count < (10000 * freq)) then      --开机延迟 10 ms
     clk_count: = clk_count + 1;
     state<= power_up;
   else
     clk_count: = 0;
     lcd_rst<= '1';                          -- lcd 复位无效
     state<= initialize;
   end if;

--初始化状态
when initialize =>
   clk_count: = clk_count + 1;
   lcd_rst<= '1';                             -- lcd 复位无效
   lcd_di<= '0';                              --传送指令
   if(clk_count < (10 * freq)) then
     lcd_data<= X"3F";                        --设置功能指令,打
                                              开显示
     lcd_e<= '1';
   elsif(clk_count < (20 * freq)) then       --等待 10 μs
     lcd_e<= '0';

   elsif(clk_count < (30 * freq)) then
     lcd_data<= X"C0";                        --设置起始行
     lcd_e<= '1';
   elsif(clk_count < (40 * freq)) then
     lcd_e<= '0';

   elsif(clk_count < (50 * freq)) then       --设置页地址
     lcd_data<= X"B8";
     lcd_e<= '1';
   elsif(clk_count < (60 * freq)) then
     lcd_e<= '0';
```

```vhdl
        elsif(clk_count < (70 * freq)) then      --设置 y 地址
          lcd_data <= X"40";
          lcd_e <= '1';
        elsif(clk_count < (80 * freq)) then
          lcd_e <= '0';
        else                                      --初始化完成
          clk_count := 0;
          state <= send_data_p0;
        end if;

      --进入发送第 0 页数据状态
      when send_data_p0 =>
        clk_count := clk_count + 1;
        lcd_di <= '1';                            --指定传输的是数据

        lcd_cs1 <= '0';                           --选择左半屏
        lcd_cs2 <= '1';
        if(clk_count < (10 * freq)) then
          lcd_e <= '1';
          lcd_data <= g_dot1(0);                  --发送第 0 页的第 0
                                                  --  列图形数据
        elsif(clk_count < (20 * freq)) then
          lcd_e <= '0';

        elsif(clk_count < (30 * freq)) then
          lcd_e <= '1';
          lcd_data <= g_dot1(1);
        elsif(clk_count < (40 * freq)) then
          lcd_e <= '0';

        elsif(clk_count < (50 * freq)) then
          lcd_e <= '1';
```

```vhdl
           lcd_data<=g_dot1(2);
        elsif(clk_count < (60 * freq)) then
           lcd_e<='0';

        elsif(clk_count < (70 * freq)) then
           lcd_e<='1';
           lcd_data<=g_dot1(3);
        elsif(clk_count < (80 * freq)) then
           lcd_e<='0';

        elsif(clk_count < (90 * freq)) then
           lcd_e<='1';
           lcd_data<=g_dot1(4);
        elsif(clk_count < (100 * freq)) then
           lcd_e<='0';

        elsif(clk_count < (110 * freq)) then
           lcd_e<='1';
           lcd_data<=g_dot1(5);
        elsif(clk_count < (120 * freq)) then
           lcd_e<='0';

        elsif(clk_count < (130 * freq)) then
           lcd_e<='1';
           lcd_data<=g_dot1(6);
        elsif(clk_count < (140 * freq)) then
           lcd_e<='0';

        elsif(clk_count < (150 * freq)) then
           lcd_e<='1';
           lcd_data<=g_dot1(7);
        elsif(clk_count < (160 * freq)) then
           lcd_e<='0';
```

```vhdl
        else
            clk_count: = 0;
            state< = change_page;
        end if;

--改变页地址和 y 地址
when change_page = >
    clk_count: = clk_count + 1;
    lcd_di< = '0';            --指定传输的是指令
    if(clk_count < (10 * freq)) then
        lcd_e< = '1';
        lcd_data< = X"B9";    --第 1 页
    elsif(clk_count < (20 * freq)) then
        lcd_e< = '0';

    elsif(clk_count < (30 * freq)) then
        lcd_data< = X"40";    --第 0 列
        lcd_e< = '1';
    elsif(clk_count < (40 * freq)) then
        lcd_e< = '0';

    else
        clk_count: = 0;
        state< = send_data_p1;
    end if;

--进入发送第 1 页数据状态
when send_data_p1 = >
    clk_count: = clk_count + 1;
    lcd_di< = '1';            --send data

    lcd_cs1< = '0';           --select left
```

```vhdl
    lcd_cs2<='1';

    if(clk_count<(10*freq)) then
        lcd_e<='1';
        lcd_data<=g_dot2(0);  --发送第1页的第0列图形数据
    elsif(clk_count<(20*freq)) then
        lcd_e<='0';

    elsif(clk_count<(30*freq)) then
        lcd_e<='1';
        lcd_data<=g_dot2(1);
    elsif(clk_count<(40*freq)) then
        lcd_e<='0';

    elsif(clk_count<(50*freq)) then
        lcd_e<='1';
        lcd_data<=g_dot2(2);
    elsif(clk_count<(60*freq)) then
        lcd_e<='0';

    elsif(clk_count<(70*freq)) then
        lcd_e<='1';
        lcd_data<=g_dot2(3);
    elsif(clk_count<(80*freq)) then
        lcd_e<='0';

    elsif(clk_count<(90*freq)) then
        lcd_e<='1';
        lcd_data<=g_dot2(4);
    elsif(clk_count<(100*freq)) then
        lcd_e<='0';

    elsif(clk_count<(110*freq)) then
```

```vhdl
                lcd_e <= '1';
                lcd_data <= g_dot2(5);
            elsif(clk_count < (120 * freq)) then
                lcd_e <= '0';

            elsif(clk_count < (130 * freq)) then
                lcd_e <= '1';
                lcd_data <= g_dot2(6);
            elsif(clk_count < (140 * freq)) then
                lcd_e <= '0';

            elsif(clk_count < (150 * freq)) then
                lcd_e <= '1';
                lcd_data <= g_dot2(7);
            elsif(clk_count < (160 * freq)) then
                lcd_e <= '0';

            else
                clk_count := 0;
                state <= stop;
            end if;

        when stop => null;

        when others =>
            state <= initialize;
    end case;
   end if;
  end process;

end Behavioral;
```

5.7 液晶显示屏显示 PS/2 键盘的键值

设计能够显示 PS/2 的键盘的键值的电路。当按下 PS/2 键盘上的按键时,在 16×2 LCD 液晶显示屏上显示对应的按键。

PS/2 的鼠标/键盘接口,标准的 6 管脚 DIN 连接接口如图 5.38 所示。

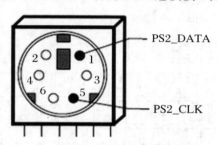

图 5.38　PS/2 的鼠标/键盘接口

PS/2 的鼠标/键盘接口连接信号的说明如表 5.22 所示。

表 5.22　PS/2 的鼠标/键盘接口的连接信号

PS/2 接口管脚	信号名称
1	PS2_DATA
2	保留
3	接地
4	+5 伏
5	PS2_CLK
6	保留

PC 机键盘采用 2 线串行总线与主机进行通信,PS/2 总线包括时钟信号和数据信号,键盘和主机都能够向对方传输数据。键盘采用 11 位的串行数据与主机进行通信,其中包括 1 个起始位(总是低电平)、8 个数据位(先发送低位,后发送高位)、奇偶校验位和停止位(总是高电平),键盘允许双向数据交换。

键盘采用集电极开路的驱动方式,这样键盘或主机均可以驱动总线。当总线处于空闲状态时,数据线和时钟线均为高电平。

当键盘向主机发送键盘的扫描编码时,传输频率为 20～30 kHz,应该在时钟的下降沿读取对应的数据位,发送键盘扫描编码的时序图如图 5.39 所示。

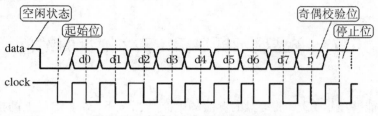

图 5.39 发送键盘扫描编码的时序图

PS/2 键盘采用扫描式编码来获取按键的键值,每个按键按下时,会产生一个扫描编码信号。按键的扫描编码如图 5.40 所示。

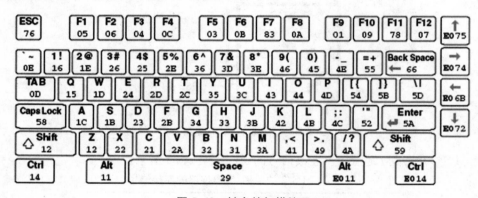

图 5.40 键盘的扫描编码

例如,按下"A"键时,键盘通过时钟信号线 PS2_CLK 和数据信号线 PS2_DATA 向主机发送一个十六进制码"1C"。如果按下某一个键不放,键盘每隔 100 ms 重复发送扫描编码信号,当按键释放后,键盘向主机发送一个"F0"。对于一些扩展按键,在发送扫描编码信号之前,先发送一个"E0",然后再发送扫描编码信号,当扩展键释放后,再发送一个"E0 F0"。

键盘或主机均可以驱动总线,在驱动总线之前,键盘检查主机是否正在发送数据。如果主机将时钟线置为低电平,需要等待时钟线释放以后,键盘才能发送数据。

按照 PS/2 键盘的接口标准,完成一个能够实现接收 PS/2 键盘发送的 10 个数字按键和 26 个字母按键的扫描编码数据,并且显示按键数字和字母功能的设计。当按下键盘的一个按键时,例如,按下键盘的"A"键,在液晶显示屏上只显示一个字符"A",当有其他按键按下时,只显示一个符号"?"。

PS/2 总线包括时钟信号和数据信号。键盘采用 11 位的串行数据进行通信，包括 1 个起始位(低电平)、8 个数据位(先发送低位，后发送高位)、奇偶校验位和停止位(高电平)。

实现接收 PS/2 键盘发送的数据和显示按键数字或字母功能模块的输入和输出端口信号如图 5.41 所示。

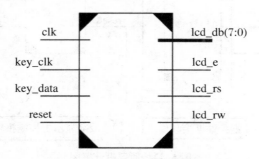

图 5.41　输入和输出端口信号

图中 clk 信号为 50 MHz 时钟信号。

reset 信号为复位按键输入信号，当按键按下时，reset 信号为低电平。

key_clk 信号是 PS/2 键盘的时钟信号，key_data 信号是 PS/2 键盘的数据信号。

lcd_rs、lcd_rw、lcd_e 和 lcd_db 分别为与液晶显示屏控制芯片连接的控制信号。lcd_rs 为寄存器选择控制输出信号，当 lcd_rs 为低电平时，表示数据总线传输的是命令控制信号，当 lcd_rs 为高电平时，表示数据总线传输的是数据信号；lcd_rw 为读写控制输出信号，当 lcd_rw 为低电平时，表示向液晶显示屏控制芯片写数据；lcd_e 为读写操作允许控制脉冲输出信号，高电平有效；lcd_db 为数据信号。

用 VHDL 编写程序实现接收 PS/2 键盘发送的数据和显示按键数字或字母功能模块的顶层设计框图如图 5.42 所示。

设计分为接收 PS/2 键盘发送的数据模块 receiver 和字符显示模块 lcd_disp。接收键盘扫描编码数据模块，需要正确接收键盘发送的串行数据，然后将键盘扫描编码数据转换为液晶显示屏显示字符的编码数据 key_code。字符显示控制部分可以利用 VHDL 语言描述控制液晶显示屏显示字符的代码，对用 VHDL 语言描述控制液晶显示屏显示字符的代码做一些修改，显示键盘扫描编码数据 key_code 对应的字符。

根据图 5.42 所示的设计框图，用 VHDL 语言描述接收 PS/2 键盘发送的数据和显示按键数字或字母的顶层模块程序如下：

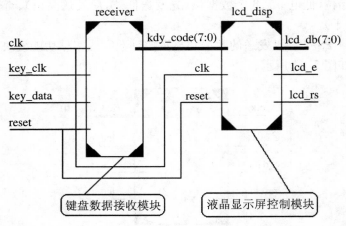

图 5.42 顶层设计框图

library IEEE；
use IEEE.STD_LOGIC_1164.ALL；
use IEEE.STD_LOGIC_ARITH.ALL；
use IEEE.STD_LOGIC_UNSIGNED.ALL；

entity ps2 is
  Port（
    clk：in STD_LOGIC；
    reset：in STD_LOGIC；
    key_clk：in STD_LOGIC；
    key_data：in STD_LOGIC；
    lcd_e：out STD_LOGIC；
    lcd_rs：out STD_LOGIC；
    lcd_rw：out STD_LOGIC；
    lcd_db：out STD_LOGIC_VECTOR（7 downto 0））；
end ps2；

architecture Behavioral of ps2 is

```vhdl
    component receiver
      port (clk: in STD_LOGIC;
            reset: in STD_LOGIC;
            key_clk: in STD_LOGIC;
            key_data: in STD_LOGIC;
            key_code: out STD_LOGIC_VECTOR (7 downto 0));
    end component;

    component lcd_disp
      port(
        clk: in STD_LOGIC;
        reset: in STD_LOGIC;
        key_code: in STD_LOGIC_VECTOR (7 downto 0);
        lcd_e: out STD_LOGIC;
        lcd_rs: out STD_LOGIC;
        lcd_db: out STD_LOGIC_VECTOR (7 downto 0));
    end component;
```

--接收 PS/2 键盘发送的数据模块和显示按键数字或字母模块的连接信号

```vhdl
signal  key_code: STD_LOGIC_VECTOR (7 downto 0);
begin
```

--接收 PS/2 键盘发送的数据模块 receiver 的模块例化

```vhdl
u1: receiver port map(clk = >clk, reset = >reset, key_clk = >key_clk, key_data = >key_data, key_code = >key_code);
```

--控制液晶显示屏显示字符的模块例化

```vhdl
u2: lcd_disp port map(reset = >reset, key_code = >key_code, clk = >clk, lcd_e = >lcd_e, lcd_rs = >lcd_rs, lcd_db = >lcd_db);

lcd_rw< = '0';    --因为不需要从液晶显示屏控制芯片中读取信号,所以
                    读写(lcd_rw)控制信号 lcd_rw 设置为低电平
```

end Behavioral;

根据 PS/2 键盘的通信协议,键盘发送键盘的扫描编码时,在键盘时钟信号 key_clk 的下降沿对应的数据位 key_data,接收模块应该在 key_clk 的下降沿读取数据。当有按键按下时,键盘连续发送 11 位的串行数据,接收模块需要准确和完整接收这 11 位的串行数据,并且提取代表按键的扫描编码。

将键盘扫描编码数据转换为液晶显示屏显示字符的编码数据 key_code,作为液晶显示屏显示字符模块的输入信号,例如,接收到键盘扫描编码为 X"45",则对应的液晶显示屏显示字符的编码为 X"30"。

为了保证接收到正确的键盘发送键盘的扫描编码,必须保证能够检测到正确的键盘时钟信号 key_clk。为了避免键盘时钟信号干扰脉冲的影响,在接收模块中,设置了对键盘时钟信号 key_clk 进行滤波的功能,实现该功能的方法是连续采样 8 个 key_clk 信号,只有当检测到连续 8 个 key_clk 信号都为高电平时,key_clk_f 才为高电平;当检测到连续 8 个 key_clk 信号都为低电平时,key_clk_f 才为低电平。对键盘时钟信号进行滤波的时序图如图 5.43 所示。

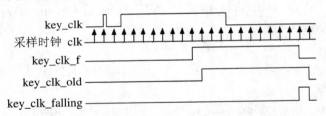

图 5.43 对键盘时钟信号进行滤波的时序图

时序图中的信号 key_clk_falling 是检测到键盘时钟信号的下降沿信号,key_clk_falling = key_clk_f_old and not key_clk_f,消除键盘时钟信号的干扰脉冲后的信号 key_clk_falling 保证为接收正确键盘数据提供了保障。

接收 PS/2 键盘发送的数据模块 receiver 的模块程序如下:

```
library IEEE;
use IEEE.STD_LOGIC_1164.ALL;
use IEEE.STD_LOGIC_ARITH.ALL;
use IEEE.STD_LOGIC_UNSIGNED.ALL;
entity receiver is
    Port (clk: in STD_LOGIC;
        reset: in STD_LOGIC;
```

```
        key_clk: in STD_LOGIC;              --键盘时钟信号
        key_data: in STD_LOGIC;             --键盘数据信号
        key_code: out STD_LOGIC_VECTOR(7 downto 0)
                                            --接收键盘发送的数据
    );
end receiver;

architecture Behavioral of receiver is

signal receive_flag: STD_LOGIC;          --接收数据标志位
signal key_clk_filter: STD_LOGIC_VECTOR(7 downto 0);
                                         --缓存键盘时钟信号
signal key_clk_f, key_clk_f_old, key_clk_falling: STD_LOGIC;
                                         --用于滤波键盘时钟信号噪声
signal bit_count: STD_LOGIC_VECTOR(3 downto 0);
                                         --设置接收串行数据位计数器
signal rec_shift_reg: STD_LOGIC_VECTOR(8 downto 0);
                                         --接收键盘发送的数据缓存
signal rec_bit: STD_LOGIC_VECTOR(7 downto 0);
                                         --接收键盘发送的数据缓存

begin

--连续保存键盘时钟信号
process(reset,clk)
begin
    if (reset = '0') then
        key_clk_filter<= "00000000";
    elsif rising_edge(clk) then
        key_clk_filter(7 downto 1)<= key_clk_filter(6 downto 0);
        key_clk_filter(0)<= key_clk;
    end if;
end process;
```

```vhdl
--得到稳定的键盘时钟信号
process(clk)
begin
    if rising_edge(clk) then
        if key_clk_filter = "11111111" then
            key_clk_f<='1';
        elsif key_clk_filter = "00000000" then
            key_clk_f<='0';
        end if;
    end if;
end process;

--保存稳定的键盘时钟信号
process(clk)
begin
    if rising_edge(clk) then
        key_clk_f_old<=key_clk_f;
    end if;
end process;

key_clk_falling<=key_clk_f_old and not key_clk_f;
                                        --判断键盘时钟信号的下降沿

--接收键盘发出的数据
process(reset,clk)
begin
    if (reset='0') then
        receive_flag<='0';
        bit_count<="0000";
        rec_shift_reg<="000000000";     --接收数据缓冲区清零
    elsif rising_edge(clk) then
        if  key_clk_falling='1' then    --在时钟的下降沿读取对应的数据
```

```
    if ((receive_flag = '0') and (key_data = '0')) then
                               --判断起始位
      receive_flag<='1';    --如果是起始位,设置开始接收数据标志
    else
      if (receive_flag = '1') then
        if (bit_count = "1001") then
          receive_flag<='0';     --完成接收一帧串行数据
          bit_count<="0000";
        else
          rec_shift_reg<=(key_data & rec_shift_reg(8 downto 1));
                    --根据发送键盘扫描编码的时序,先发送第一位
                       数据,因此每接收一位数据后进行右移位操作
          bit_count<=bit_count+'1';
        end if;
      end if;
    end if;
  end if;
  rec_bit<=rec_shift_reg(7 downto 0);
end process;

--将键盘发出数据转换成对应的液晶显示屏显示字符编码数据
process(receive_flag,rec_bit)
begin
  if receive_flag = '0' then
    case rec_bit is
      when   "01000101" => key_code<="00110000";
          --如果接收到的键盘数据 X"45" 转换成对应的液晶显示屏
             显示字符"0"的编码数据 X"30"
      when   "00010110" => key_code<="00110001";   --1
      when   "00011110" => key_code<="00110010";   --2
      when   "00100110" => key_code<="00110011";   --3
      when   "00100101" => key_code<="00110100";   --4
```

```
            when "00101110" => key_code <= "00110101";   --5
            when "00110110" => key_code <= "00110110";   --6
            when "00111101" => key_code <= "00110111";   --7
            when "00111110" => key_code <= "00111000";   --8
            when "01000110" => key_code <= "00111001";   --9
            when "00011100" => key_code <= "01000001";   --A
            when "00110010" => key_code <= "01000010";   --B
            when "00100001" => key_code <= "01000011";   --C
            when "00100011" => key_code <= "01000100";   --D
            when "00100100" => key_code <= "01000101";   --E
            when "00101011" => key_code <= "01000110";   --F
            when "00110100" => key_code <= "01000111";   --G
            when "00110011" => key_code <= "01001000";   --H
            when "01000011" => key_code <= "01001001";   --I
            when "00111011" => key_code <= "01001010";   --J
            when "01000010" => key_code <= "01001011";   --K
            when "01001011" => key_code <= "01001100";   --L
            when "00111010" => key_code <= "01001101";   --M
            when "00110001" => key_code <= "01001110";   --N
            when "01000100" => key_code <= "01001111";   --O
            when "01001101" => key_code <= "01010000";   --P
            when "00010101" => key_code <= "01010001";   --Q
            when "00101101" => key_code <= "01010010";   --R
            when "00011011" => key_code <= "01010011";   --S
            when "00101100" => key_code <= "01010100";   --T
            when "00111100" => key_code <= "01010101";   --U
            when "00101010" => key_code <= "01010110";   --V
            when "00011101" => key_code <= "01010111";   --W
            when "00100010" => key_code <= "01011000";   --X
            when "00110101" => key_code <= "01011001";   --Y
            when "00011010" => key_code <= "01011010";   --Z
            when others => key_code <= "00111111";
               --其他按键按下时,显示符号"?"
```

```
        end case;
    end if;
end process;

end Behavioral;
```
控制液晶显示屏显示字符的模块程序如下:
```vhdl
library IEEE;
use IEEE.STD_LOGIC_1164.ALL;
use IEEE.STD_LOGIC_ARITH.ALL;
use IEEE.STD_LOGIC_UNSIGNED.ALL;

entity lcd_disp is
    Port (clk: in STD_LOGIC;
          reset: in STD_LOGIC;
          key_code: in STD_LOGIC_VECTOR (7 downto 0);
          lcd_e: out STD_LOGIC;
          lcd_rs: out STD_LOGIC;
          lcd_db: out STD_LOGIC_VECTOR (7 downto 0));
end lcd_disp;

architecture Behavioral of lcd_disp is

    type control_state is (power_up, initialize, send);
    signal state: control_state;
    constant freq: integer: = 50;      --系统时钟信号
begin
    process(clk,reset)
        variable clk_count: integer range 0 to 750000: = 0;
                                        --设置最大计数值
    begin

    if reset = '0' then
        state< = power_up;
```

```vhdl
        clk_count:=0;

    elsif(rising_edge(clk)) then

      case state is

      --进入开机延迟状态,延迟 15 ms
      when power_up=>
        if(clk_count<(15000*freq)) then        --开机延迟 15 ms
          clk_count:=clk_count+1;
          state<=power_up;
        else                                    --完成开机延迟过程
          clk_count:=0;
          lcd_rs<='0';
          lcd_db<="00110000";
          state<=initialize;
        end if;

      --进入初始化状态,写入控制字
      when initialize=>
        clk_count:=clk_count+1;
        if(clk_count<(10*freq)) then
          lcd_db<=X"38";
          lcd_e<='1';
        elsif(clk_count<(60*freq)) then
          lcd_e<='0';
        elsif(clk_count<(70*freq)) then
          lcd_db<=X"0c";
          lcd_e<='1';
        elsif(clk_count<(120*freq)) then
          lcd_e<='0';
        elsif(clk_count<(130*freq)) then
          lcd_db<=X"01";
```

```
        lcd_e<='1';
     elsif(clk_count<(2130*freq)) then
        lcd_e<='0';
     elsif(clk_count<(2140*freq)) then
        lcd_db<=X"06";
        lcd_e<='1';
     elsif(clk_count<(2200*freq)) then
        lcd_e<='0';
     else                           --初始化完成
        clk_count:=0;
        state<=send;
     end if;

  when send=>
     clk_count:=clk_count+1;
     if(clk_count<(10*freq)) then
        lcd_rs<='0';
        lcd_db<=X"80";
        lcd_e<='1';
     elsif(clk_count<(60*freq)) then
        lcd_e<='0';
     elsif(clk_count<(70*freq)) then
        lcd_rs<='1';
        lcd_db<=key_code;
        lcd_e<='1';
     elsif(clk_count<(120*freq)) then
        lcd_e<='0';

     elsif(clk_count=(1120*freq)) then
        clk_count:=0;
        state<=send;    --返回初始数据存储器DDRAM地址
     end if;
  end case;
```

end if;
end process;
end Behavioral;

5.8 RS-232 异步串行通信接口的实现

RS-232 异步串行接口是计算机上的一个通用接口,数据按照规定的传输速率一位一位地顺序接收和发送。RS-232 接口如图 5.44 所示。

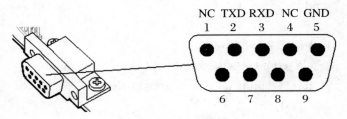

图 5.44 RS-232 接口

接口中 TXD 是串行数据的发送信号,RXD 是串行数据的接收信号。

设计能够实现通过 RS-232 异步串行通信接口与计算机进行通信,并将接收到的数据在 16×2 LCD 液晶显示屏上显示,完成上述功能的端口信号如图 5.45 所示。

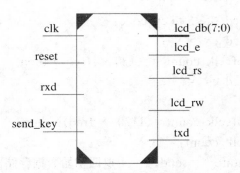

图 5.45 输入/输出端口控制信号

图中 clk 信号为实验板上的 50 MHz 时钟信号。

reset 信号为复位按键输入信号,当按键按下时,reset 信号为低电平。send_key 为控制信号,当按键按下时,RS-232 异步串行通信接口将接收到的数据回送给计算机,当按键按下时,send_key 信号为低电平。

rxd 是从计算机接收串行数据的信号,txd 是向计算机发送串行数据的信号。

lcd_rs、lcd_rw、lcd_e 和 lcd_db 分别为与液晶显示屏控制芯片连接的控制信号。lcd_rs 为寄存器选择控制输出信号,当 lcd_rs 为低电平时,表示数据总线传输的是命令控制信号,当 lcd_rs 为高电平时,表示数据总线传输的是数据信号;lcd_rw 为读写控制输出信号,当 lcd_rw 为低电平时,表示向液晶显示屏控制芯片写数据;lcd_e 为读写操作允许控制脉冲输出信号,高电平有效;lcd_db 为数据信号。

用 VHDL 硬件描述语编写代码实现能够通过 RS-232 异步串行通信接口与计算机进行通信的顶层设计框图如图 5.46 所示。

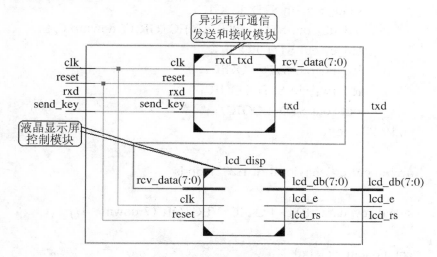

图 5.46 顶层设计框图

设计分为异步串行通信发送接收模块 rxd_txd 和液晶显示屏控制 lcd_disp。约定接收方和发送方的波特率均为9 600,异步串行通信发送接收模块完成接收计算机发送的串行数据,并且将接收到的数据信号 rcv_data(7:0)传递给液晶显示屏控制 lcd_disp 模块。当发送按键按下时,send_key 信号为低电平,异步串行通信发送接收模块将接收到的并行数据信号 rcv_data(7:0)转换为串行数据信号通过输出端口 txd 发送出去。字符显示控制 lcd_disp 模块可以利用 VHDL 语言描述控制液晶显示屏显示字符的代码,对用 VHDL 语言描述控制液晶显示屏显示字符的代码做一些修改,显示的通过 RS-232 异步串行通信接口接收到字符。

根据图 5.46 所示的顶层设计框图,用 VHDL 语言描述通过 RS-232 异步串行通信接口与计算机进行通信的顶层模块程序如下:

```
library IEEE;
use IEEE.STD_LOGIC_1164.ALL;
use IEEE.STD_LOGIC_ARITH.ALL;
use IEEE.STD_LOGIC_UNSIGNED.ALL;

entity rs232_top is
    Port (clk: in STD_LOGIC;
          reset: in STD_LOGIC;
          rxd: in STD_LOGIC;
          send_key: in STD_LOGIC;
          lcd_db: out STD_LOGIC_VECTOR (7 downto 0);
          lcd_e: out STD_LOGIC;
          lcd_rs: out STD_LOGIC;
          lcd_rw: out STD_LOGIC;
          txd: out STD_LOGIC);
end rs232_top;

architecture Behavioral of rs232_top is

signal rcv_data: STD_LOGIC_VECTOR (7 downto 0);

component rxd_txd
    port(
        clk: in STD_LOGIC;
        reset: in STD_LOGIC;
        send_key: in STD_LOGIC;
        rxd: in STD_LOGIC;
        txd: out STD_LOGIC;
        rcv_data: out STD_LOGIC_VECTOR (7 downto 0)
```

```vhdl
    );
  end component;

  component lcd_disp
    port(
      clk: in STD_LOGIC;
      reset: in STD_LOGIC;
      rcv_data: in STD_LOGIC_VECTOR (7 downto 0);
      lcd_e: out STD_LOGIC;
      lcd_rs: out STD_LOGIC;
      lcd_db: out STD_LOGIC_VECTOR (7 downto 0)
    );
  end component;

begin

  u1:rxd_txd port map(reset=>reset,clk=>clk,rxd=>rxd,txd=>
  txd,send_key=>send_key,rcv_data=>rcv_data);

  u2:lcd_disp port map(reset=>reset,clk=>clk,rcv_data=>rcv_da-
  ta,lcd_e=>lcd_e,lcd_rs=>lcd_rs,lcd_db=>lcd_db);

  lcd_rw<='0';      --因为不需要从液晶显示屏控制芯片中读取信号,所
                    以读写(lcd_rw)控制信号 lcd_rw 设置为低电平

end Behavioral;
```

设计通过 RS-232 异步串行通信接口与计算机进行通信的模块 rxd_txd,能够实现如下功能:

(1) 能够正确地接收到计算机通过 RS-232 异步串行通信接口发送的数据,并转化为并行数据信号 rcv_data(7:0)传送液晶显示屏模块。

(2) 当发送按键按下时,send_key 信号为低电平,将接收到的数据,通过 RS-232异步串行通信接口回送给计算机,由计算机接收并显示。

例如,当计算机发送的串行数据为"00110001"时,在 16×2 LCD 液晶显示屏

上显示数字1;当计算机发送的串行数据为"01000001"时,在液晶屏上显示字符A。当按下实验板上的发送按键时,FPGA将接收到的串行数据"01000001"通过RS-232异步串行通信接口发给计算机,计算机接收到串行数据,以十六进制显示时,显示"41"。

根据异步串行通信的数据传送格式,按照一定传输速率发送或接收数据。每一帧数据由起始位、数据位、奇偶校验位和停止位组成。当数据线处于空闲状态时,信号rxd为高电平。当发送设备要发送数据时,首先发送一个低电平,接收设备检测到低电平后,准备开始接收数据位信号。当发送了起始位后,再发送8位数据位。根据发送和接收方的约定,可以采用有奇偶校验位的传送格式,也可以采用无奇偶校验位的传送格式。如果采用无奇偶校验位的传送格式,发送了8位数据位后,最后一位rxd变成高电平,表示数据结束,其格式如图5.47所示。

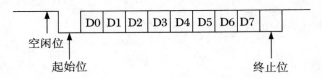

图5.47 异步串行通信格式

异步串行通信协议中没有设置时钟信号作为同步信号,只能采用系统时钟50 MHz时钟信号进行分频,得到设置传输速率。由于通过RS-232异步串行接口连接的两个设备的时钟源信号频率的精度存在差异,使得接收异步串行传输数据时,可能出现接收数据错误。为了保证接收到串行数据的准确性,使用双方约定的比波特率高数倍的时钟作为接收数据的采样时钟,这样可以保证在开始接收第一个数据位时,在数据位的中央开始采样,如图5.48所示。

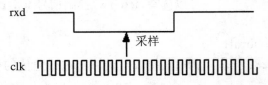

图5.48 确定异步串行通信起始位中心位置

接收以后的数据时,每隔一个发送方和接收方约定的传输数据宽度的时间,确定一个数据的电平。即使出现发送方和接收方的时钟信号频率误差,也能够保证采样时刻出现在最后一位数据的范围之内,如图5.49所示。

用VHDL编写一个RS-232异步串行通信模块rxd_txd,由4个进程组成,如

图 5.50 所示。

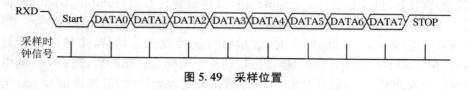

图 5.49 采样位置

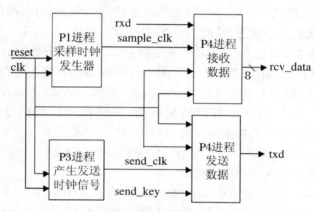

图 5.50 异步串行通信模块 rxd_txd 框图

P1 和 P2 进程完成接收数据功能。

P1 进程提供采样时钟信号（sample_clk）。例如，当波特率为 9 600（1 波特 = 1 位/秒）时，由于系统钟信号的频率为 50 MHz，采用比波特率高 8 倍的时钟（9 600 × 8 Hz）作为采样时钟，采样时钟信号（sample_clk）通过对 50 MHz 信号进行 651 分频（$5 \times 10^7 /(9\,600 \times 8) = 651$）得到。

P2 进程采用状态机的方式设计，共分为 3 个状态，分别为确定起始位状态、开始接收数据状态、接收一帧数据结束状态，如图 5.51 所示。

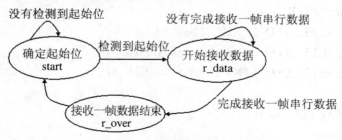

图 5.51 控制液晶显示屏显示字符的状态转换图

接收计算机通过 RS-232 异步串行接口发送的串行数据开始时，状态机处于确定起始位状态，位计数器（bit_counter）和采样时钟计数器（sample_counter）首先置零，以采样时钟信号（sample_clk）的周期，不断检测接收信号 rxd 的电平。当检测到数据信号 rxd 变成低电平时，表示有可能接收到起始位，采样时钟计数器（sample_counter）开始计数，当连续接收到 4 个采样时钟脉冲后，判断 rxd 的电平是否仍然为低电平，如果不为低电平，停留在确定起始位状态；如果信号 rxd 仍然为低电平，表示接收到了一帧串行数据的起始位，确定此刻为起始位的中心位置，然后转到开始接收数据状态，从起始位的中间时刻开始，每隔 8 个采样时钟脉冲，确定一位串行数据，移位寄存器保存接收数据，并且将串行数据转换为并行数据（rcv_shift_reg(7:0)），接收数据位计数器（bit_counter）对已经接收到的数据进行计数，当连续接收到 8 个数据位后，转到接收一帧数据结束状态，在该状态将接收到的数据保存。在接收一帧数据结束状态，将接收到的数据分别保存在用于 16×2 LCD 液晶显示屏的数据寄存器 rcv_data(7:0)和用于回送给计算机的发送数据寄存器 rcv_data_tmp(7:0)，然后转到确定起始位状态。

P3 和 P4 进程完成发送数据功能。

P3 进程提供发送时钟信号（sample_clk）。当通过 RS-232 异步串行接口向计算机发送数据时，同样约定波特率为 9 600。发送时钟信号（send_clk）通过对 50 MHz信号进行5 208分频（$5×10^7/9\,600=5\,208$）得到。

P4 进程完成发送数据功能，当发送按键按下时，send_key 信号为低电平，将接收到的数据 rcv_data_tmp(7:0)通过 RS-232 异步串行通信接口回送给计算机。当没有从计算机的 RS-232 异步串行接口接收到数据时，要执行向计算机发送数据，将 rcv_data_tmp(7:0)的初始值为字符"?"的 ASCII 码"00111111"发给计算机。执行发送数据操作时，第 1 个时钟先发送低电平给输出信号 txd，以后每经过 1 个发送时钟，就按照低位先发，直到 8 个数据全部发送完毕。

RS-232 异步串行通信模块 rxd_txd 的程序如下：

```
library IEEE;
use IEEE.STD_LOGIC_1164.ALL;
use IEEE.STD_LOGIC_ARITH.ALL;
use IEEE.STD_LOGIC_UNSIGNED.ALL;

entity rxd_txd is
  port(
    clk: in STD_LOGIC;
```

```
        reset: in STD_LOGIC;
        send_key: in STD_LOGIC;
        rxd: in STD_LOGIC;
        rcv_data: out STD_LOGIC_VECTOR (7 downto 0);
        txd: out STD_LOGIC
    );
end rxd_txd;

architecture Behavioral of rxd_txd is

--采样时钟信号和分频计数器
signal clk_counter: integer range 0 to 651;
signal sample_clk: STD_LOGIC;

--定义接收数据状态机
type state_type is (start, r_data, r_over);
signal state: state_type;

--定义接收数据寄存器和接收数据位计数器以及采样时钟脉冲计数器
signal   sample_counter: STD_LOGIC_VECTOR (2 downto 0);
signal   bit_counter: STD_LOGIC_VECTOR (3 downto 0);
signal   rcv_shift_reg: STD_LOGIC_VECTOR (7 downto 0);
signal   rcv_data_tmp: STD_LOGIC_VECTOR (7 downto 0);

--定义发送时钟信号和分频计数器
signal   clk_counter_s: integer range 0 to 5208;
signal   send_clk: STD_LOGIC;

--定义发送数据寄存器、发送标志信号和发送位计数器
signal   send_flag: STD_LOGIC_VECTOR (1 downto 0);
signal   sendbit_counter: integer range 0 to 15;
signal   send_data: STD_LOGIC_VECTOR (7 downto 0);
```

```vhdl
begin

--产生采样时钟信号
P1:process(clk,reset)
begin
  if reset = '0' then
    clk_counter <= 0;
  elsif rising_edge (clk) then
    if (clk_counter = 651) then
      clk_counter <= 0;
      sample_clk <= '1';
    else
      clk_counter <= clk_counter + 1;
      sample_clk <= '0';
    end if;
  end if;
end process P1;

--接收数据
P2:process(clk,reset)
begin
  if reset = '0' then
    state <= start;
    sample_counter <= "000";
    bit_counter <= "0000";
    rcv_shift_reg <= "00111111";    --初始值设置为字符"?"的
                                     ASCII码
    rcv_data <= "00111111";          --初始值
    rcv_data_tmp <= "00111111";      --初始值
  elsif rising_edge (clk) then
    if (sample_clk = '1') then
      case state is
        when start =>
```

```vhdl
            if(rxd = '0') then
              if (sample_counter = "011") then
                sample_counter <= "000";
                state <= r_data;
                bit_counter <= "0000";
              else
                sample_counter <= sample_counter + '1';
              end if;
            end if;

          when r_data =>
            if (sample_counter = "111") then
              if (bit_counter = "1000") then
                state <= r_over;
              else
                rcv_shift_reg <= rxd & rcv_shift_reg(7 downto 1);
                sample_counter <= "000";
                bit_counter <= bit_counter + '1';
              end if;
            else
              sample_counter <= sample_counter + 1;
            end if;

          when r_over =>
            rcv_data <= rcv_shift_reg;
            rcv_data_tmp <= rcv_shift_reg;
            state <= start;
        end case;
      end if;
    end if;
end process P2;

--产生发送时钟信号
```

```vhdl
P3: process(clk, reset)
begin
  if reset = '0' then
    send_clk <= '0';
  elsif rising_edge (clk) then
    if (clk_counter_s = 5208) then
      clk_counter_s <= 0;
      send_clk <= '1';
    else
      clk_counter_s <= clk_counter_s + 1;
      send_clk <= '0';
    end if;
  end if;
end process P3;


--发送数据
P4: process(clk, reset)
begin
  if reset = '0' then
    sendbit_counter <= 0;
    send_data <= "00111111";
    txd <= '1';
    send_flag <= "00";
  elsif rising_edge (clk) then
    if (send_clk = '1') then
      if (send_flag = "00" and send_key = '0') then
        send_flag <= "01";
        txd <= '0';    --send start bit
        send_data <= rcv_data_tmp;   --将接收到的数据赋给发送数
                                       据寄存器
      elsif send_flag = "01" then
        if sendbit_counter = 8 then
          send_flag <= "10";
```

```
          else
             txd <= send_data(sendbit_counter);
             sendbit_counter <= sendbit_counter + 1;
          end if;
        elsif (send_flag = "10") then
          sendbit_counter <= 0;
          send_flag <= "00";
          txd <= '1';
        end if;
      end if;
    end if;
end process P4;

end Behavioral;
```
控制液晶显示屏显示字符的模块 lcd_disp 程序如下:
```
library IEEE;
use IEEE.STD_LOGIC_1164.ALL;
use IEEE.STD_LOGIC_ARITH.ALL;
use IEEE.STD_LOGIC_UNSIGNED.ALL;

entity lcd_disp is
  Port (clk: in STD_LOGIC;
    reset: in STD_LOGIC;
    rcv_data: in STD_LOGIC_VECTOR (7 downto 0);
    lcd_e: out STD_LOGIC;
    lcd_rs: out STD_LOGIC;
    lcd_db: out STD_LOGIC_VECTOR (7 downto 0));
end lcd_disp;

architecture Behavioral of lcd_disp is

  type control_state is (power_up, initialize, send);
  signal state: control_state;
```

```vhdl
        constant freq：integer：=50；        --系统时钟信号
begin
    process(clk,reset)
        variable clk_count：integer range 0 to 750000：=0；
                                        --设置最大计数值
    begin

        if reset='0' then
            state<=power_up；
            clk_count：=0；

        elsif(rising_edge(clk)) then

            case state is

            --进入开机延迟状态,延迟15 ms
            when power_up=>
                if(clk_count<(15000 * freq)) then    --开机延迟15 ms
                    clk_count：=clk_count+1；
                    state<=power_up；
                else
                    clk_count：=0；
                    lcd_rs<='0'；
                    lcd_db<="00110000"；
                    state<=initialize；
                end if；

            --进入初始化状态,写入控制字
            when initialize=>
                clk_count：=clk_count+1；
                if(clk_count<(10 * freq)) then
                    lcd_db<=X"38"；
                    lcd_e<='1'；
```

```
          elsif(clk_count < (60 * freq)) then
             lcd_e<= '0';
          elsif(clk_count < (70 * freq)) then
             lcd_db<= X"0c";
             lcd_e<= '1';
          elsif(clk_count < (120 * freq)) then
             lcd_e<= '0';
          elsif(clk_count < (130 * freq)) then
             lcd_db<= X"01";
             lcd_e<= '1';
          elsif(clk_count < (2130 * freq)) then
             lcd_e<= '0';
          elsif(clk_count < (2140 * freq)) then
             lcd_db<= X"06";
             lcd_e<= '1';
          elsif(clk_count < (2200 * freq)) then    --等待 60 μs
             lcd_e<= '0';
          else                                      --初始化完成
             clk_count:= 0;
             state<= send;
          end if;

      when send =>
          clk_count:= clk_count + 1;
          if(clk_count < (10 * freq)) then
             lcd_rs<= '0';
             lcd_db<= X"80";
             lcd_e<= '1';
          elsif(clk_count < (60 * freq)) then
             lcd_e<= '0';
          elsif(clk_count < (70 * freq)) then
             lcd_rs<= '1';
             lcd_db<= rcv_data;
```

                lcd_e<='1';
            elsif(clk_count<(120 * freq)) then
                lcd_e<='0';

            elsif(clk_count=(1120 * freq)) then
                clk_count:=0;
                state<=send;   --返回初始数据存储器 DDRAM 地址
            end if;
        end case;
    end if;
end process;
end Behavioral;

5.9 4×3 矩阵式键盘输入电路

按键是许多电子产品不可缺少的输入设备之一,在一些小型电子系统中,会经常使用一些按键作为人机相互联系的主要设备,完成有关参数的输入功能。常见有单个按键输入,即每个按键都对应一个输入节点,但是这样的设计在输入按键比较多的时候,就需要占用多个输入节点。为了减少连线和输入节点资源,会采用矩阵式键盘作为输入设备,例如,4×3 矩阵式键盘,矩阵式键盘的按键按照行列式排列,每行有 3 个按键,共 4 行 12 个按键,只需要 7 个输入节点,这样安排可以减少输入节点的个数。4×3 矩阵式键盘的外形如图 5.52 所示,共有 10 个数字按键和 2 个符号按键。

图 5.52 4×3 矩阵式键盘

由于采用矩阵式键盘的每个按键不再对应一个输入节点,为了识别是哪一个按键有按下的动作,需要进行扫描和解码配合来识别按下的是哪一个按键,4×3 矩阵式键盘的按键连线电路原理图如图 5.53 所示。

4×3 矩阵式键盘的行信号线 row(0:3)和列信号线 col(2:0)均接有上拉电阻。

为了判断是哪一个按键有按下的动作,采用轮流向信号线 row(i)发出低电平,扫描时序如图 5.54 所示。当没有按键按下的时候,3 个列信号线 col(2:0)均为高电平;当有按键按下的时候,在列信号线 col(2:0)中,就会有一个信号 col(i)为低电平,判断是否有按键按下只要判断 key_pr = col(2)、col(1)、col(0)是否为低电平就可以了。结合行信号线row(0:3)和列信号线 col(2:0)的状态,可以判断有没有按键按下或哪一个按键有按下的动作。例如,如果扫描到第一行,row(0)为低电平,其他行信号 row(1:3)均为高电平,而列信号线 col(2:0) = "011",就表示按下了数字键 1。

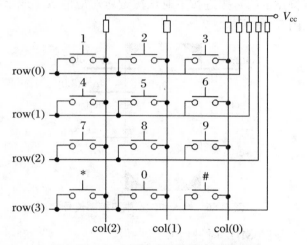

图 5.53　4×3 矩阵式键盘的电路原理图

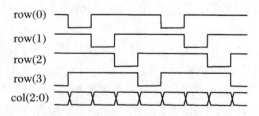

图 5.54　4×3 矩阵式键盘的扫描时序

用 VHDL 编写程序实现采集 4×3 矩阵式键盘的按键数字,并且将按下的数字按键和符号按键在 2×16 液晶显示屏上显示,2×16 液晶显示屏在第一行预留 8 个显示字符供显示按键的数字或字符。在刚开机的初始状态,没有按键按下的时候,液晶显示屏显示下划线符号"_",以后有按键按下时,在液晶显示屏上显示对应的按键数字或符号,如图 5.55 所示。

图 5.55　液晶显示屏在第一行预留 8 个显示字符

每一次按键按下后,2×16 液晶显示屏上显示的字符向左移位,8 个显示字符中的最右边的字符显示的是按键按下时该按键所对应的数字或字符,输入和输出端口控制信号如图 5.56 所示。

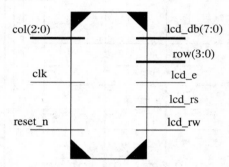

图 5.56　输入和输出端口控制信号

图中 clk 信号为 50 MHz 时钟信号。

reset_n 信号为复位按键输入信号,当按键按下时,reset_n 信号为低电平。

col(2:0)信号是矩阵式键盘的列输入信号,row(3:0)信号是矩阵式键盘的行输出信号。

lcd_rs、lcd_rw、lcd_e 和 lcd_db 分别为与液晶显示屏控制芯片连接的控制信号。lcd_rs 为寄存器选择控制输出信号,当 lcd_rs 为低电平时,表示数据总线传输的是命令控制信号,当 lcd_rs 为高电平时,表示数据总线传输的是数据信号;lcd_rw 为读写控制输出信号,当 lcd_rw 为低电平时,表示向液晶显示屏控制芯片写数据;lcd_e 为读写操作允许控制脉冲输出信号,高电平有效;lcd_db 为数据信号。

用 VHDL 编写程序实现采集 4×3 矩阵式键盘的按键数字,并且将按下的按键数字和符号在 2×16 液晶显示屏上显示功能模块的顶层设计框图如图 5.57 所示。

设计分为采集 4×3 矩阵式键盘的按键数字模块 keypad43 和液晶显示屏控制

lcd_disp 模块。模块 keypad43 将采集到的按键数字的 ASCII 码 key_data(7:0)传送给液晶显示屏控制 lcd_disp 模块。字符显示控制 lcd_disp 模块可以利用 VHDL 语言描述控制液晶显示屏显示字符的代码,对用 VHDL 语言描述控制液晶显示屏显示字符的代码做一些修改,显示对应的按键数字或符号。

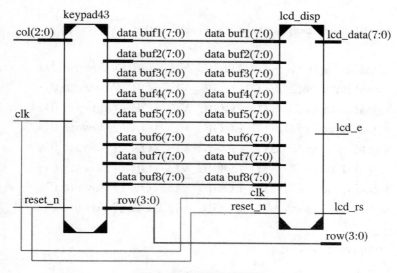

图 5.57 顶层设计框图

根据图 5.57 所示的顶层设计框图,用 VHDL 语言描述实现采集 4×3 矩阵式键盘的按键数字,并且将按下的按键数字和符号在 2×16 液晶显示屏上显示功能的顶层模块 keytolcd_top 程序如下:

```
library IEEE;
use IEEE.STD_LOGIC_1164.ALL;
use IEEE.STD_LOGIC_ARITH.ALL;
use IEEE.STD_LOGIC_UNSIGNED.ALL;

entity keytolcd_top is
  Port (clk: in STD_LOGIC;
        reset_n: in STD_LOGIC;
        col: in STD_LOGIC_VECTOR (2 downto 0);
        row: out STD_LOGIC_VECTOR (3 downto 0);
        lcd_db: out STD_LOGIC_VECTOR (7 downto 0);
```

```vhdl
        lcd_e: out STD_LOGIC;
        lcd_rs: out STD_LOGIC;
        lcd_rw: out STD_LOGIC);
end keytolcd_top;

architecture Behavioral of keytolcd_top is

signal data_buf1: STD_LOGIC_VECTOR (7 downto 0);
signal data_buf2: STD_LOGIC_VECTOR (7 downto 0);
signal data_buf3: STD_LOGIC_VECTOR (7 downto 0);
signal data_buf4: STD_LOGIC_VECTOR (7 downto 0);
signal data_buf5: STD_LOGIC_VECTOR (7 downto 0);
signal data_buf6: STD_LOGIC_VECTOR (7 downto 0);
signal data_buf7: STD_LOGIC_VECTOR (7 downto 0);
signal data_buf8: STD_LOGIC_VECTOR (7 downto 0);

component lcd_disp
  port(
    clk: in STD_LOGIC;              --50 MHz 系统时钟
    reset_n: in STD_LOGIC;          --复位按键,低电平有效
    data_buf1: in STD_LOGIC_VECtoR(7 downto 0);
    data_buf2: in STD_LOGIC_VECtoR(7 downto 0);
    data_buf3: in STD_LOGIC_VECtoR(7 downto 0);
    data_buf4: in STD_LOGIC_VECtoR(7 downto 0);
    data_buf5: in STD_LOGIC_VECtoR(7 downto 0);
    data_buf6: in STD_LOGIC_VECtoR(7 downto 0);
    data_buf7: in STD_LOGIC_VECtoR(7 downto 0);
    data_buf8: in STD_LOGIC_VECtoR(7 downto 0);
    lcd_rs, lcd_e: out STD_LOGIC;
    lcd_data: out STD_LOGIC_VECtoR(7 downto 0));
end component;

component keypad43
```

```
    Port (
        clk: in STD_LOGIC;
        reset_n: in STD_LOGIC;
        col: in STD_LOGIC_VECTOR (2 downto 0);
        row: out STD_LOGIC_VECTOR (3 downto 0);
        data_buf1: out STD_LOGIC_VECtoR(7 downto 0);
        data_buf2: out STD_LOGIC_VECtoR(7 downto 0);
        data_buf3: out STD_LOGIC_VECtoR(7 downto 0);
        data_buf4: out STD_LOGIC_VECtoR(7 downto 0);
        data_buf5: out STD_LOGIC_VECtoR(7 downto 0);
        data_buf6: out STD_LOGIC_VECtoR(7 downto 0);
        data_buf7: out STD_LOGIC_VECtoR(7 downto 0);
        data_buf8: out STD_LOGIC_VECtoR(7 downto 0));
    end component;

begin

    u1: keypad43 port map(reset_n = >reset_n, clk = >clk, col = >col, row = >row,
            data_buf1 = >data_buf1, data_buf2 = >data_buf2,
            data_buf3 = >data_buf3, data_buf4 = >data_buf4,
            data_buf5 = >data_buf5, data_buf6 = >data_buf6,
            data_buf7 = >data_buf7, data_buf8 = >data_buf8);

    u2: lcd_disp port map(clk = >clk, reset_n = >reset_n,
            data_buf1 = >data_buf1, data_buf2 = >data_buf2,
            data_buf3 = >data_buf3, data_buf4 = >data_buf4,
            data_buf5 = >data_buf5, data_buf6 = >data_buf6,
            data_buf7 = >data_buf7, data_buf8 = >data_buf8,
            lcd_rs = >lcd_rs, lcd_e = >lcd_e, lcd_data = >lcd_data);

    lcd_rw< = '0';      --因为不需要从液晶显示屏控制芯片中读取信号,所
                        以读写(lcd_rw)控制信号 lcd_rw 设置为低电平
```

end Behavioral;

顶层设计模块调用了采集按键数字模块 keypad43 和液晶显示屏控制 lcd_disp 模块,采集 4×3 矩阵式键盘的按键数字模块 keypad43 要输出按键的行扫描信号、按键的判别和转换为 ASCII 码 key_data(7:0)传送给液晶显示屏控制 lcd_disp 模块。由于采用了已经完成的利用 VHDL 语言描述控制液晶显示屏显示字符 lcd_disp 模块的代码,只要将按键模块 keypad43 输出 ASCII 码 key_data(7:0)传送给液晶显示屏控制 lcd_disp 模块就可以了,所以不在该设计中列出 lcd_disp 模块的设计代码。

用 VHDL 编写一个采集 4×3 矩阵式键盘的按键数字模块 keypad43,该模块由 6 个进程组成,如图 5.58 所示。

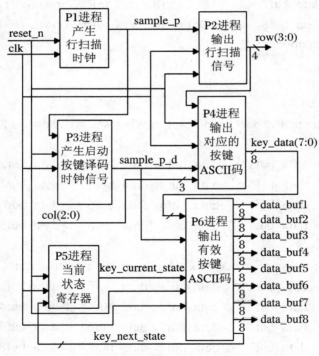

图 5.58 模块 keypad43 框图

P1 进程产生矩阵式键盘中的行扫描时钟信号(sample_p)。

一般人在按键时,按下和松开按键的一段时间都会出现抖动的现象,如图 5.59 所示。当采样时钟信号有效时,判断是否按下了按键,如果采样时钟信号的频率过快,会产生误判为多次按下按键的现象。

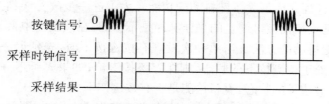

图 5.59 按键的抖动引起误判为多次按下按键

当降低采样时钟信号的频率,会改善误判多次按下按键的现象,如图 5.60 所示。

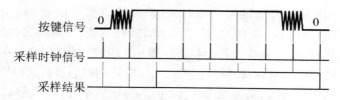

图 5.60 改善误判多次按下按键的时序

然而,不同按键的机械特性可能不同,不同的人按键的时间和习惯也不一样,很难设置一个适合采样时钟信号的频率,根据一般人按键的抖动时间大概为 5~10 ms,该设计设置扫描到每一行所停留的时间为 16 ms,即每 16 ms 就改变一次行输出信号,轮流向信号线 row(i)发出低电平,对 4×3 矩阵式键盘来说,共有 4 行,则扫描完 4 行需要 64 ms。P1 进程产生键盘中的行扫描时钟信号的周期为 16 ms,而系统钟信号的频率为 50 MHz,需要对系统钟信号进行 800 000 次分频,所以 P1 进程的计数常数设置为 799 999。

P2 进程的功能是完成移位操作,在行扫描时钟信号的控制下,对输出行信号 row(3:0)进行移位操作,实现轮流扫描操作。

P3 进程产生启动 P4 进程进行按键译码的控制信号,当检测到行扫描时钟信号(sample_p)有效时,对行扫描时钟信号延迟一个系统时钟周期 200 ns,得到按键译码的控制信号(sample_p_d),当信号 sample_p_d 为高电平时,P4 进程完成识别按键和译码。

P4 进程完成识别按键和译码功能,根据行输出信号 row(3:0)和列输入信号 col(2:0),来判断按下的是哪一个按键。例如,如果扫描到第一行,row(0)为低电平,其他行信号 row(1:3)均为高电平,而列信号线 col(2:0) = "011",就表示按下了数字键1,输出数字键1对应的ASCII码key_data(7:0)为X"31"。

P5和P6进程完成消除按键抖动的功能。为了进一步改善误判按键多次按下的现象,光靠延长扫描按键键盘的采样脉冲是不够的,在该设计中又采用二次判断方法、消除按键抖动的方法。当第一次发现有按键按下时,先延迟一段时间后,如果发现按键还处于按键按下的状态,则保存该按键值;如果先延迟一段时间后,按键已经不在按键按下的状态,重新检测是否有按键按下。

采用状态机来实现二次判断方法、消除按键抖动的方法,如图5.61所示,共分为5个状态。P5进程为当前状态保持电路,P6进程将根据当前的状态信号(key_next_state)和采样时钟信号(sample_p_d),产生次态信号(key_next_state),并且决定确认按下的按键是否有效。当没有发现按键按下时,状态机处于初始状态位置st0。当第一次发现有按键按下的时候,检测按键按下信号key_pr为低电平(key_pr = col(2)、col(1)、col(0)),经过16 ms跳转到状态st1,因为,经过16 ms后已经扫描到其他行,所以直接由初始状态位置st0跳转到状态st1。在状态st1,经过16 ms后跳转到状态st2,直到经过64 ms后,跳转到状态st4,又扫描到第一次发现有按键按下的所在行,如果发现key_pr仍然为低电平,这两次都确认有按键按

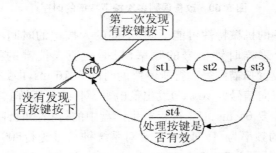

图5.61 状态转换图

下了,就可以确定此次按键按下为有效操作,在st4状态,将按键对应的ASCII码key_data(7:0)保存和移位,送显示模块显示。

采集4×3矩阵式键盘的按键数字模块keypad43的程序如下:

```
library IEEE;
use IEEE.STD_LOGIC_1164.ALL;
use IEEE.STD_LOGIC_ARITH.ALL;
use IEEE.STD_LOGIC_UNSIGNED.ALL;

entity keypad43 is
```

```vhdl
Port (clk: in STD_LOGIC;
    reset_n: in STD_LOGIC;
    col: in STD_LOGIC_VECTOR (2 downto 0);
    row: out STD_LOGIC_VECTOR (3 downto 0);
    data_buf1: out STD_LOGIC_VECtoR(7 downto 0);
    data_buf2: out STD_LOGIC_VECtoR(7 downto 0);
    data_buf3: out STD_LOGIC_VECtoR(7 downto 0);
    data_buf4: out STD_LOGIC_VECtoR(7 downto 0);
    data_buf5: out STD_LOGIC_VECtoR(7 downto 0);
    data_buf6: out STD_LOGIC_VECtoR(7 downto 0);
    data_buf7: out STD_LOGIC_VECtoR(7 downto 0);
    data_buf8: out STD_LOGIC_VECtoR(7 downto 0));

end keypad43;

architecture Behavioral of keypad43 is

signal sample_cnt: integer range 0 to 799999;
                            --50 MHz/800 000=62.5 Hz, 16 ms
signal sample_p:STD_LOGIC;    --采样时钟信号
signal sample_p_d:STD_LOGIC;

signal key_code: STD_LOGIC_VECTOR (7 downto 0);

signal row_tmp:STD_LOGIC_VECTOR (3 downto 0);
                    --行驱动信号

type state is (st0, st1, st2, st3, st4);
                    --定义确认按键按下的状态机状态
signal key_current_state, key_next_state: state;
signal key_pr: STD_LOGIC;    --按键按下信号

signal    data_buf1_tmp:    STD_LOGIC_VECtoR(7 downto 0);
```

```vhdl
    signal      data_buf2_tmp:      STD_LOGIC_VECtoR(7 downto 0);
    signal      data_buf3_tmp:      STD_LOGIC_VECtoR(7 downto 0);
    signal      data_buf4_tmp:      STD_LOGIC_VECtoR(7 downto 0);
    signal      data_buf5_tmp:      STD_LOGIC_VECtoR(7 downto 0);
    signal      data_buf6_tmp:      STD_LOGIC_VECtoR(7 downto 0);
    signal      data_buf7_tmp:      STD_LOGIC_VECtoR(7 downto 0);
    signal      data_buf8_tmp:      STD_LOGIC_VECtoR(7 downto 0);

    begin

P1:process(clk,reset_n)    --产生键盘的行扫描时钟信号脉冲
begin
    if reset_n = '0' then
       sample_cnt<= 0;
       sample_p<= '0';
    elsif rising_edge (clk) then
       if  sample_cnt = 799999 then
          sample_cnt<= 0;
          sample_p<= '1';
       else
          sample_cnt<= sample_cnt + 1;
          sample_p<= '0';
       end if;
    end if;
end process P1;

P2:process(clk,reset_n)       --产生行扫描输出信号
begin
    if reset_n = '0' then
       row_tmp<= "1110";
    elsif rising_edge (clk) then
       if  sample_p = '1' then
          row_tmp<= row_tmp(2 downto 0) & row_tmp(3);
```

      end if;
    end if;
    row<= row_tmp;
end process P2;

   P3:process(clk,reset_n)   --产生按键译码控制信号
begin
   if reset_n = '0' then
     sample_p_d<= '0';
   elsif rising_edge (clk) then
     sample_p_d<= sample_p;
   end if;
end process P3;

   P4:process(clk,reset_n)   --识别按键
begin
   if reset_n = '0' then
     key_code<= X"3F";   --初始值为下划线符号 "?"
   elsif rising_edge (clk) then
     if sample_p_d = '1' then
       case row_tmp is
         when "1110"=>case col is
           when "110"=>key_code<= X"33"; --3 的 ASCII 码
           when "101"=>key_code<= X"32"; --2
           when "011"=>key_code<= X"31"; --1
           when others=>null;
         end case;

         when "1101"=>case col is
           when "110"=>key_code<= X"36"; --6
           when "101"=>key_code<= X"35"; --5
           when "011"=>key_code<= X"34"; --4
           when others=>null;

```vhdl
            end case;

         when "1011" => case col is
            when "110" => key_code <= X"39"; --9
            when "101" => key_code <= X"38"; --8
            when "011" => key_code <= X"37"; --7
            when others => null;
         end case;

         when "0111" => case col is
            when "110" => key_code <= X"23"; --#
            when "101" => key_code <= X"30"; --0
            when "011" => key_code <= X"2A"; --*
            when others => null;
         end case;

         when others => null;
      end case;
    end if;
   end if;
end process P4;


P5:process(clk,reset_n)
begin
   if reset_n = '0' then
     key_current_state <= st0;
   elsif rising_edge (clk) then
     key_current_state <= key_next_state;
   end if;
end process P5;


   key_pr <= col(2) and col(1) and col(0);    --有按键按下时,key_pr
                                                为低电平
```

```vhdl
         data_buf1<= data_buf1_tmp;
         data_buf2<= data_buf2_tmp;
         data_buf3<= data_buf3_tmp;
         data_buf4<= data_buf4_tmp;
         data_buf5<= data_buf5_tmp;
         data_buf6<= data_buf6_tmp;
         data_buf7<= data_buf7_tmp;
         data_buf8<= data_buf8_tmp;

P6:process(clk,reset_n)
begin
    if reset_n = '0' then
        data_buf1_tmp<=    X"5F";              --显示下划线符号 "_"
        data_buf2_tmp<=    X"5F";
        data_buf3_tmp<=    X"5F";
        data_buf4_tmp<=    X"5F";
        data_buf5_tmp<=    X"5F";
        data_buf6_tmp<=    X"5F";
        data_buf7_tmp<=    X"5F";"
        data_buf8_tmp<= X"5F";
        key_next_state<= st0;
    elsif rising_edge (clk) then
        case key_current_state is
            when st0 =>
                if sample_p_d = '1' then
                    if  key_pr = '0' then      --第一次发现有按键按下
                        key_next_state<= st1;
                    else
                        key_next_state<= st0;
                    end if;
                end if;
```

```vhdl
when st1 =>
  if sample_p_d = '1' then
    key_next_state <= st2;
  end if;

when st2 =>
  if sample_p_d = '1' then
    key_next_state <= st3;
  end if;

when st3 =>
  if sample_p_d = '1' then
    key_next_state <= st4;
  end if;

when st4 =>
  if sample_p_d = '1' then
    if   key_pr = '0' then      --第二次确认按键按下
        data_buf1_tmp <= data_buf2_tmp;
        data_buf2_tmp <= data_buf3_tmp;
        data_buf3_tmp <= data_buf4_tmp;
        data_buf4_tmp <= data_buf5_tmp;
        data_buf5_tmp <= data_buf6_tmp;
        data_buf6_tmp <= data_buf7_tmp;
        data_buf7_tmp <= data_buf8_tmp;
        data_buf8_tmp <= key_code;      --保存按键
        key_next_state <= st0;
    else
        key_next_state <= st0;
    end if;
  end if;

when others =>
```

key_next_state<＝st0;

  end case;
 end if;
end process P6;

end Behavioral;

  消除按键抖动的方法有很多,采用延迟判断此次按键是否有效的方法只是其中的方法之一,如果延迟时间太短,会误判成多次按键操作;如果延迟时间太长,又会造成按键响应迟钝的现象,该方法需要选择合适的延迟时间,但是不同的按键类型和不同人的按键习惯提高了选择合适的延迟时间的难度,上述设计选择的延迟时间只是按照个人的反复实验得到的,可以修改延迟时间。

5.10 数字密码锁电路

  利用 4×3 矩阵键盘和 2×16 液晶显示屏,设计一个 4 位密码锁,假设预先保存的数字密码是"1357"。在输入过程中,每输入一个密码数字,就显示一个符号"*",如图 5.62 所示。当密码输入错误时,显示"error",当全部密码输入正确时,才显示"OK!"。按下"♯"按键,显示下划线"_",重新开始输入。

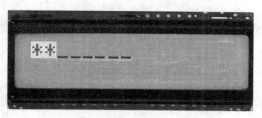

图 5.62 密码锁显示示意图

用 VHDL 设计数字密码锁电路输入和输出端口控制信号如图 5.63 所示。
图中 clk 信号为 50 MHz 时钟信号。
reset_n 信号为复位按键输入信号,当按键按下时,reset_n 信号为低电平。
col(2:0)信号是矩阵式键盘的列输入信号,row(3:0)信号是矩阵式键盘的行输出信号。

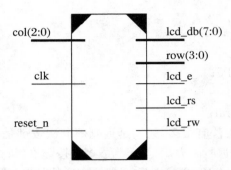

图 5.63 输入和输出端口控制信号

lcd_rs、lcd_rw、lcd_e 和 lcd_db 分别为与液晶显示屏控制芯片连接的控制信号。lcd_rs 为寄存器选择控制输出信号,当 lcd_rs 为低电平时,表示数据总线传输的是命令控制信号,当 lcd_rs 为高电平时,表示数据总线传输的是数据信号;lcd_rw 为读写控制输出信号,当 lcd_rw 为低电平时,表示向液晶显示屏控制芯片写数据;lcd_e 为读写操作允许控制脉冲输出信号,高电平有效;lcd_db 为数据信号。

用 VHDL 设计数字密码锁电路的顶层设计框图如图 5.64 所示。

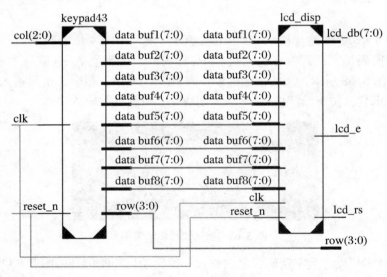

图 5.64 顶层设计框图

用 VHDL 设计数字密码锁电路,可以利用已经完成的采集 4×3 矩阵式键盘的按键数字模块 keypad43。在模块 keypad43 中,加入密码的保存和判断操作就可以实现数字密码锁功能。

根据图 5.64 所示的顶层设计框图,用 VHDL 设计数字密码锁电路 lock_top 程序如下:

```vhdl
library IEEE;
use IEEE.STD_LOGIC_1164.ALL;
use IEEE.STD_LOGIC_ARITH.ALL;
use IEEE.STD_LOGIC_UNSIGNED.ALL;

entity lock_top is
  Port (clk: in STD_LOGIC;
        reset_n: in STD_LOGIC;
        col: in STD_LOGIC_VECTOR (2 downto 0);
        row: out STD_LOGIC_VECTOR (3 downto 0);
        lcd_db: out STD_LOGIC_VECTOR (7 downto 0);
        lcd_e: out STD_LOGIC;
        lcd_rs: out STD_LOGIC;
        lcd_rw: out STD_LOGIC);
end lock_top;

architecture Behavioral of lock_top is

signal data_buf1: STD_LOGIC_VECTOR (7 downto 0);
signal data_buf2: STD_LOGIC_VECTOR (7 downto 0);
signal data_buf3: STD_LOGIC_VECTOR (7 downto 0);
signal data_buf4: STD_LOGIC_VECTOR (7 downto 0);
signal data_buf5: STD_LOGIC_VECTOR (7 downto 0);
signal data_buf6: STD_LOGIC_VECTOR (7 downto 0);
signal data_buf7: STD_LOGIC_VECTOR (7 downto 0);
signal data_buf8: STD_LOGIC_VECTOR (7 downto 0);

component lcd_disp
  port(
```

```
        clk: in STD_LOGIC;          --50 MHz 系统时钟
        reset_n: in STD_LOGIC;      --复位按键,低电平有效
        data_buf1: in STD_LOGIC_VECtoR(7 downto 0);
        data_buf2: in STD_LOGIC_VECtoR(7 downto 0);
        data_buf3: in STD_LOGIC_VECtoR(7 downto 0);
        data_buf4: in STD_LOGIC_VECtoR(7 downto 0);
        data_buf5: in STD_LOGIC_VECtoR(7 downto 0);
        data_buf6: in STD_LOGIC_VECtoR(7 downto 0);
        data_buf7: in STD_LOGIC_VECtoR(7 downto 0);
        data_buf8: in STD_LOGIC_VECtoR(7 downto 0);
        lcd_rs, lcd_e: out STD_LOGIC;
        lcd_data: out STD_LOGIC_VECtoR(7 downto 0));
    end component;

    component keypad43
      Port(
        clk: in STD_LOGIC;
        reset_n: in STD_LOGIC;
        col: in STD_LOGIC_VECTOR (2 downto 0);
        row: out STD_LOGIC_VECTOR (3 downto 0);
        data_buf1: out STD_LOGIC_VECtoR(7 downto 0);
        data_buf2: out STD_LOGIC_VECtoR(7 downto 0);
        data_buf3: out STD_LOGIC_VECtoR(7 downto 0);
        data_buf4: out STD_LOGIC_VECtoR(7 downto 0);
        data_buf5: out STD_LOGIC_VECtoR(7 downto 0);
        data_buf6: out STD_LOGIC_VECtoR(7 downto 0);
        data_buf7: out STD_LOGIC_VECtoR(7 downto 0);
        data_buf8: out STD_LOGIC_VECtoR(7 downto 0));
    end component;

begin

    u1: keypad43 port map(reset_n = >reset_n, clk = >clk, col = >col,
```

row => row,
　　 data_buf1 => data_buf1, data_buf2 => data_buf2,
　　 data_buf3 => data_buf3, data_buf4 => data_buf4,
　　 data_buf5 => data_buf5, data_buf6 => data_buf6,
　　 data_buf7 => data_buf7, data_buf8 => data_buf8);

u2: lcd_disp port map(clk => clk, reset_n => reset_n,
　　 data_buf1 => data_buf1, data_buf2 => data_buf2,
　　 data_buf3 => data_buf3, data_buf4 => data_buf4,
　　 data_buf5 => data_buf5, data_buf6 => data_buf6,
　　 data_buf7 => data_buf7, data_buf8 => data_buf8,
　　 lcd_rs => lcd_rs, lcd_e => lcd_e, lcd_data => lcd_data);

lcd_rw <= '0';　　 --因为不需要从液晶显示屏控制芯片中读取信号,所以读写(lcd_rw)控制信号 lcd_rw 设置为低电平

end Behavioral;

　　在模块 keypad43 中的保存按键的那个 st4 状态,加入一段实现按键保存和数字密码对比的状态机,完成判断输入密码是否正确和显示的功能。

　　该状态机如图 5.65 所示,共分为 5 个状态,分别为 lock_st0、lock_st1、lock_st2、lock_st3 和 lock_st4。

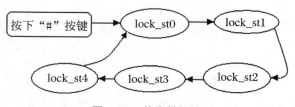

图 5.65　状态转换图

　　当确认有按键按下时,首先,判断是否是"#"按键,如果是"#"按键,无论此时处于什么状态,都回到 lock_st0 状态,等待数字密码的输入。在 lock_st0、lock_st1 和 lock_st2 状态分别完成保存按键的 ASCII 码,并且将符号"*"的 ASCII 码传送到液晶显示屏上,在液晶显示屏的对应的位置上显示"*"。到状态 lock_st3 时,已经输入了 4 个数字密码,在这个状态,与预先保存的数字"1357"的 ASCII 码进行

对比，如果输入数字密码相符，显示字符"OK!"；不正确，显示字符"error"。

用 VHDL 设计数字密码锁电路，对按键数字模块 keypad43 进行修改后的部分程序如下：

```
library IEEE;
use IEEE.STD_LOGIC_1164.ALL;
use IEEE.STD_LOGIC_ARITH.ALL;
use IEEE.STD_LOGIC_UNSIGNED.ALL;

entity keypad43 is
  Port (clk: in STD_LOGIC;
    reset_n: in STD_LOGIC;
    col: in STD_LOGIC_VECTOR (2 downto 0);
    row: out STD_LOGIC_VECTOR (3 downto 0);
    data_buf1: out STD_LOGIC_VECtoR(7 downto 0);
    data_buf2: out STD_LOGIC_VECtoR(7 downto 0);
    data_buf3: out STD_LOGIC_VECtoR(7 downto 0);
    data_buf4: out STD_LOGIC_VECtoR(7 downto 0);
    data_buf5: out STD_LOGIC_VECtoR(7 downto 0);
    data_buf6: out STD_LOGIC_VECtoR(7 downto 0);
    data_buf7: out STD_LOGIC_VECtoR(7 downto 0);
    data_buf8: out STD_LOGIC_VECtoR(7 downto 0));

end keypad43;

architecture Behavioral of keypad43 is

signal sample_cnt: integer range 0 to 799999;
                          --50 MHz/800 000 = 62.5 Hz, 16 ms
signal sample_p:STD_LOGIC;    --采样时钟信号
signal sample_p_d:STD_LOGIC;

signal key_code: STD_LOGIC_VECTOR (7 downto 0);
```

```vhdl
    signal row_tmp:STD_LOGIC_VECTOR (3 downto 0);    --行驱动信号

    type state is (st0, st1, st2, st3, st4);    --定义确认按键按下的状态机
                                                  状态
    signal key_current_state, key_next_state: state;
    signal key_pr: STD_LOGIC;        --按键按下信号

    signal   data_buf1_tmp: STD_LOGIC_VECtoR(7 downto 0);
    signal   data_buf2_tmp: STD_LOGIC_VECtoR(7 downto 0);
    signal   data_buf3_tmp: STD_LOGIC_VECtoR(7 downto 0);
    signal   data_buf4_tmp: STD_LOGIC_VECtoR(7 downto 0);
    signal   data_buf5_tmp: STD_LOGIC_VECtoR(7 downto 0);
    signal   data_buf6_tmp: STD_LOGIC_VECtoR(7 downto 0);
    signal   data_buf7_tmp: STD_LOGIC_VECtoR(7 downto 0);
    signal   data_buf8_tmp: STD_LOGIC_VECtoR(7 downto 0);

--定义判断输入密码是否正确的状态机状态
    type lock_state is (lock_st0, lock_st1, lock_st2, lock_st3, lock_st4);
    signal lock_current_state, lock_next_state: lock_state;

--密码输入暂存寄存器
    signal lock_data1, lock_data2, lock_data3: STD_LOGIC_VECtoR(7 downto 0);

--定义预先保存的密码锁密码"1357"的 ASCII 码
    constant num1:STD_LOGIC_VECtoR(7 downto 0):= X"31";
    constant num2:STD_LOGIC_VECtoR(7 downto 0):= X"33";
    constant num3:STD_LOGIC_VECtoR(7 downto 0):= X"35";
    constant num4:STD_LOGIC_VECtoR(7 downto 0):= X"37";

begin

P1:process(clk,reset_n)      --产生键盘的行扫描时钟信号脉冲
```

```vhdl
begin
   if reset_n = '0' then
      sample_cnt<=0;
      sample_p<='0';
   elsif rising_edge (clk) then
      if sample_cnt = 799999 then
         sample_cnt<=0;
         sample_p<='1';
      else
         sample_cnt<=sample_cnt+1;
         sample_p<='0';
      end if;
   end if;
end process P1;

P2:process(clk,reset_n)     --产生行扫描输出信号
begin
   if reset_n = '0' then
   row_tmp<="1110";
   elsif rising_edge (clk) then
      if sample_p = '1' then
         row_tmp<=row_tmp(2 downto 0) & row_tmp(3);
      end if;
   end if;
   row<=row_tmp;
end process P2;

P3:process(clk,reset_n)     --产生按键译码控制信号
begin
   if reset_n = '0' then
   sample_p_d<='0';
   elsif rising_edge (clk) then
      sample_p_d<=sample_p;
```

```vhdl
    end if;
end process P3;


P4:process(clk,reset_n)      --识别按键和判断数字密码
begin
  if reset_n = '0' then
     key_code<＝X"3F";   --初始值为下划线符号 "_"
  elsif rising_edge (clk) then
    if sample_p_d＝'1' then
       case row_tmp is
         when "1110"＝>case col is
             when "110"＝>key_code<＝X"33"; --3 的 ASCII 码
             when "101"＝>key_code<＝X"32"; --2
             when "011"＝>key_code<＝X"31"; --1
             when others＝>null;
           end case;

         when "1101"＝>case col is
             when "110"＝>key_code<＝X"36"; --6
             when "101"＝>key_code<＝X"35"; --5
             when "011"＝>key_code<＝X"34"; --4
             when others＝>null;
           end case;

         when "1011"＝>case col is
             when "110"＝>key_code<＝X"39"; --9
             when "101"＝>key_code<＝X"38"; --8
             when "011"＝>key_code<＝X"37"; --7
             when others＝>null;
           end case;

         when "0111"＝>case col is
             when "110"＝>key_code<＝X"23"; --#
```

```vhdl
            when "101" => key_code <= X"30"; --0
            when "011" => key_code <= X"2A"; --*
            when others => null;
          end case;

        when others => null;
      end case;
    end if;
  end if;
end process P4;


P5:process(clk,reset_n)
begin
  if reset_n = '0' then
    key_current_state <= st0;
  elsif rising_edge (clk) then
    key_current_state <= key_next_state;
  end if;
end process P5;


key_pr <= col(2) and col(1) and col(0);      --有按键按下时,key_pr
                                               为低电平


    data_buf1 <= data_buf1_tmp;
    data_buf2 <= data_buf2_tmp;
    data_buf3 <= data_buf3_tmp;
    data_buf4 <= data_buf4_tmp;
    data_buf5 <= data_buf5_tmp;
    data_buf6 <= data_buf6_tmp;
    data_buf7 <= data_buf7_tmp;
    data_buf8 <= data_buf8_tmp;


P6:process(clk,reset_n)
```

```vhdl
begin
  if reset_n = '0' then
    data_buf1_tmp <=    X"5F";    --显示下划线符号 "_"
    data_buf2_tmp <=    X"5F";
    data_buf3_tmp <=    X"5F";
    data_buf4_tmp <=    X"5F";
    data_buf5_tmp <=    X"5F";
    data_buf6_tmp <=    X"5F";
    data_buf7_tmp <=    X"5F";
    data_buf8_tmp <=    X"5F";
    key_next_state <= st0;
  elsif rising_edge (clk) then
    case key_current_state is
      when st0 =>
        if sample_p_d = '1' then
          if  key_pr = '0' then
            key_next_state <= st1;
          else
            key_next_state <= st0;
          end if;
        end if;

      when st1 =>
        if sample_p_d = '1' then
          key_next_state <= st2;
        end if;

      when st2 =>
        if sample_p_d = '1' then
          key_next_state <= st3;
        end if;

      when st3 =>
```

```vhdl
            if sample_p_d = '1' then
              key_next_state <= st4;
            end if;

        when st4 =>
          if sample_p_d = '1' then
            if key_pr = '0' then
              if key_code = X"23" then
                data_buf1_tmp <= X"5F";        --显示下划线符号 "_"
                data_buf2_tmp <= X"5F";
                data_buf3_tmp <= X"5F";
                data_buf4_tmp <= X"5F";
                data_buf5_tmp <= X"5F";
                lock_next_state <= lock_st0;
              else
                case lock_current_state is
                  when lock_st0 =>
                    data_buf1_tmp <= X"2A";    --显示符号 " * "
                    lock_data1 <= key_code;
                    lock_next_state <= lock_st1;
                  when lock_st1 =>
                    data_buf2_tmp <= X"2A";    --显示符号 " * "
                    lock_data2 <= key_code;
                    lock_next_state <= lock_st2;
                  when lock_st2 =>
                    data_buf3_tmp <= X"2A";    --显示符号 " * "
                    lock_data3 <= key_code;
                    lock_next_state <= lock_st3;
                  when lock_st3 =>
                    if (lock_data1 = num1 and lock_data2 = num2 and
                        lock_data3 = num3 and key_code = num4) then
                      data_buf1_tmp <= X"4F";  --显示字符"OK!"
                      data_buf2_tmp <= X"4B";
```

```vhdl
                        data_buf3_tmp<=X"21";
                        data_buf4_tmp<=X"5F";
                        data_buf5_tmp<=X"5F";
                    else
                        data_buf1_tmp<=X"65";        --显示字符"error"
                        data_buf2_tmp<=X"72";
                        data_buf3_tmp<=X"72";
                        data_buf4_tmp<=X"6F";
                        data_buf5_tmp<=X"72";

                    end if;
                    lock_next_state<=lock_st4;
                when lock_st4=>
                    lock_next_state<=lock_st0;
                when others=>
                    lock_next_state<=lock_st0;
               end case;
             end if;
           else
             key_next_state<=st0;
           end if;
         end if;


      when others=>
         key_next_state<=st0;

    end case;
  end if;
end process P6;

P7:process(clk,reset_n)
begin
  if reset_n='0' then
```

                lock_current_state<= lock_st0；
            elsif rising_edge（clk）then
                lock_current_state<= lock_next_state；
            end if；
        end process P7；

    end Behavioral；

  上述密码锁电路的设计是在采集 4×3 矩阵式键盘的按键数字模块 keypad43 的基础上完成的，就没有列出液晶屏显示模块。与各种不同的数字密码锁相比，该设计只实现了实际密码锁的部分功能，在实际应用中，可以根据不同的要求进行修改。

  以上几个应用实例的设计从仿真到实际硬件的实现，都达到了预先提出的设计要求，但是从具体的设计思路和采用的方法上考虑，可能不一定是最好和最优的。

  在几个应用到液晶显示屏的设计中，都使用到了液晶显示屏显示字符或数字，而在完成这些设计功能时，都采用了层次设计的方法，并且都对已经验证是正确的液晶显示控制模块稍做修改后重复使用，可以发现这样重复使用这些经过验证是正确的模块，能达到事半功倍的效果，所以平时注意收集和完成一些优秀的设计模块或 IP，一定会在今后的项目设计中，发挥重要的作用。

  以上几个应用实例，与实际情况还有一定的差距，在设计具体的产品和应用项目时，应该根据具体的情况，采用更加巧妙的设计思想和灵活的方法，满足不同的技术要求和实现不同的逻辑功能。

习 题 5

  1. 设计一个以 CPLD 或 FPGA 为核心芯片的数字系统，该系统有 8 个发光二极管，画出该系统电路原理图，用 VHDL 编写下载到 CPLD 或 FPGA 的代码，控制 8 个发光二极管循环发光。

  2. 设计一个以 CPLD 或 FPGA 为核心芯片的数字系统，该系统有 4 个 7 段 LED 数码管，画出该系统电路原理图，用 VHDL 编写下载到 CPLD 或 FPGA 的代码，控制数码管显示数字"1234"。

  3. 设计一个以 CPLD 或 FPGA 为核心芯片的数字系统，该系统有一个由 8×8 个发光二极管构成的 LED 点阵屏，画出该系统电路原理图，用 VHDL 编写下载到

CPLD 或 FPGA 的代码,控制 LED 点阵屏显示"PLD 电子技术"。

4. 设计一个以 CPLD 或 FPGA 为核心芯片的数字系统,该系统有 16×2 LCD 液晶显示屏,画出该系统电路原理图,用 VHDL 编写下载到 CPLD 或 FPGA 的代码,控制液晶显示屏显示字母"VHDL"。

5. 设计一个以 CPLD 或 FPGA 为核心芯片的数字系统,该系统有 16×2 LCD 液晶显示屏和 4×3 矩阵式键盘,画出该系统电路原理图,用 VHDL 编写下载到 CPLD 或 FPGA 的代码,控制液晶显示屏显示键盘输入的数字或符号。

6. 设计一个以 CPLD 或 FPGA 为核心芯片的数字系统,该系统有 16×2 LCD 液晶显示屏和 RS-232 接口,画出该系统电路原理图,用 VHDL 编写下载到 CPLD 或 FPGA 的代码,实现与计算机进行数据交换功能,计算机通过 RS-232 接口发送的数据能够在液晶显示屏上正确显示。

参 考 文 献

［1］张雅绮,等. Verilog HDL 高级数字设计[M]. 北京:电子工业出版社,2005.

［2］李辉. 基于 FPGA 的数字系统设计[M]. 西安:西安电子科技大学出版社, 2006.

［3］李辉. PLD 与数字系统设计[M]. 西安:西安电子科技大学出版社,2005.

［4］雷伏容. VHDL 电路设计[M]. 北京:清华大学出版社,2006.

［5］张义和. FPGA 电路设计[M]. 北京:科学出版社,2013.